痩せたら世界が優しく見えた。

137キロの体重を1年で半分にして人生を変えた男の話

YouTuber
ルイボス

ルイボス フォトヒストリー

プロフィール

ルイボス

生年月日：2月22日
出身地：沖縄県
居住地：沖縄本島
身長：170センチ
血液型：AB型
本名：渡《と》嘉敷《かしき》嗣之《しのぶ》

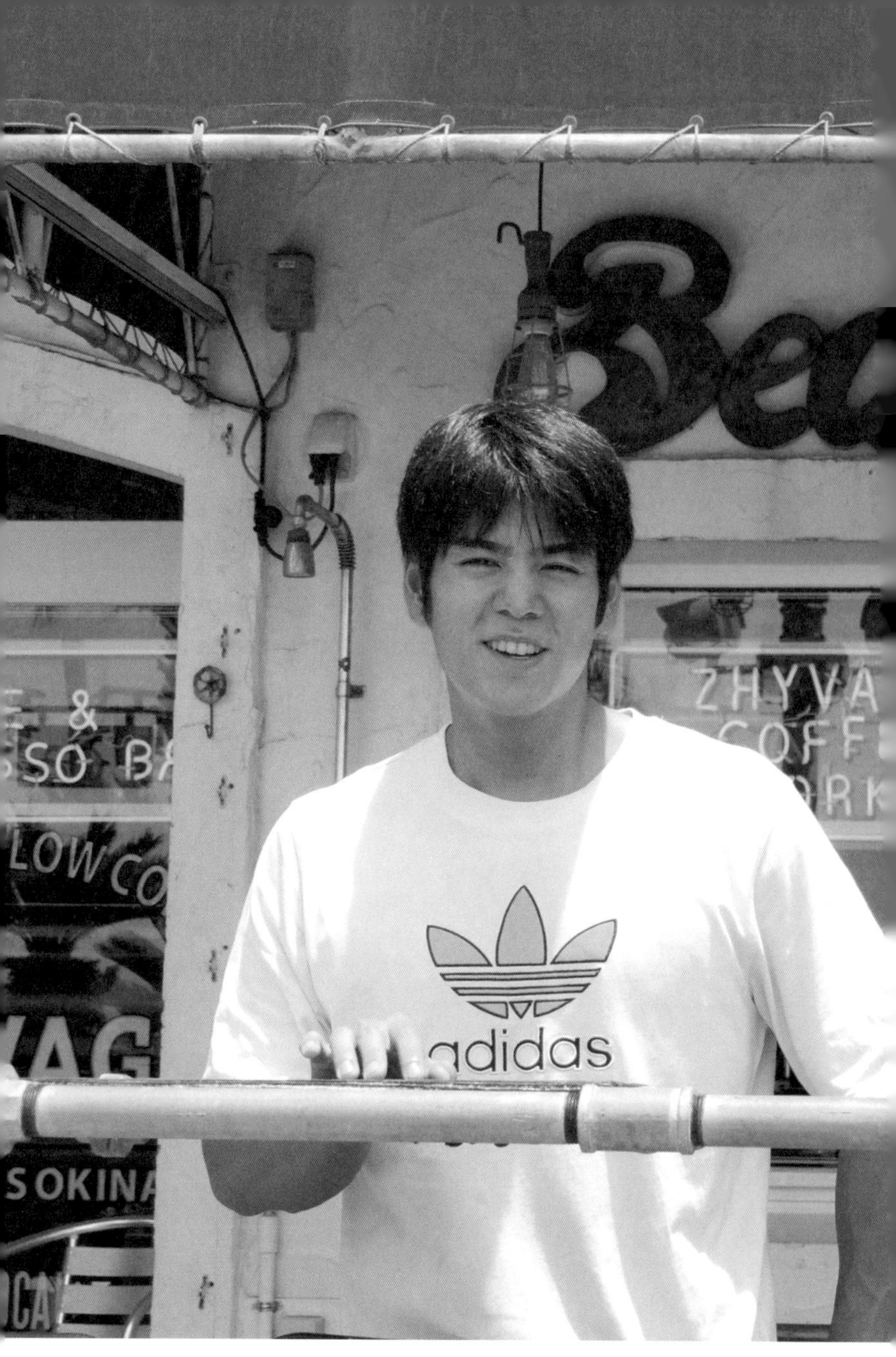
adidas

1年で体重半減。

痩せることで人生が大きく変わった！

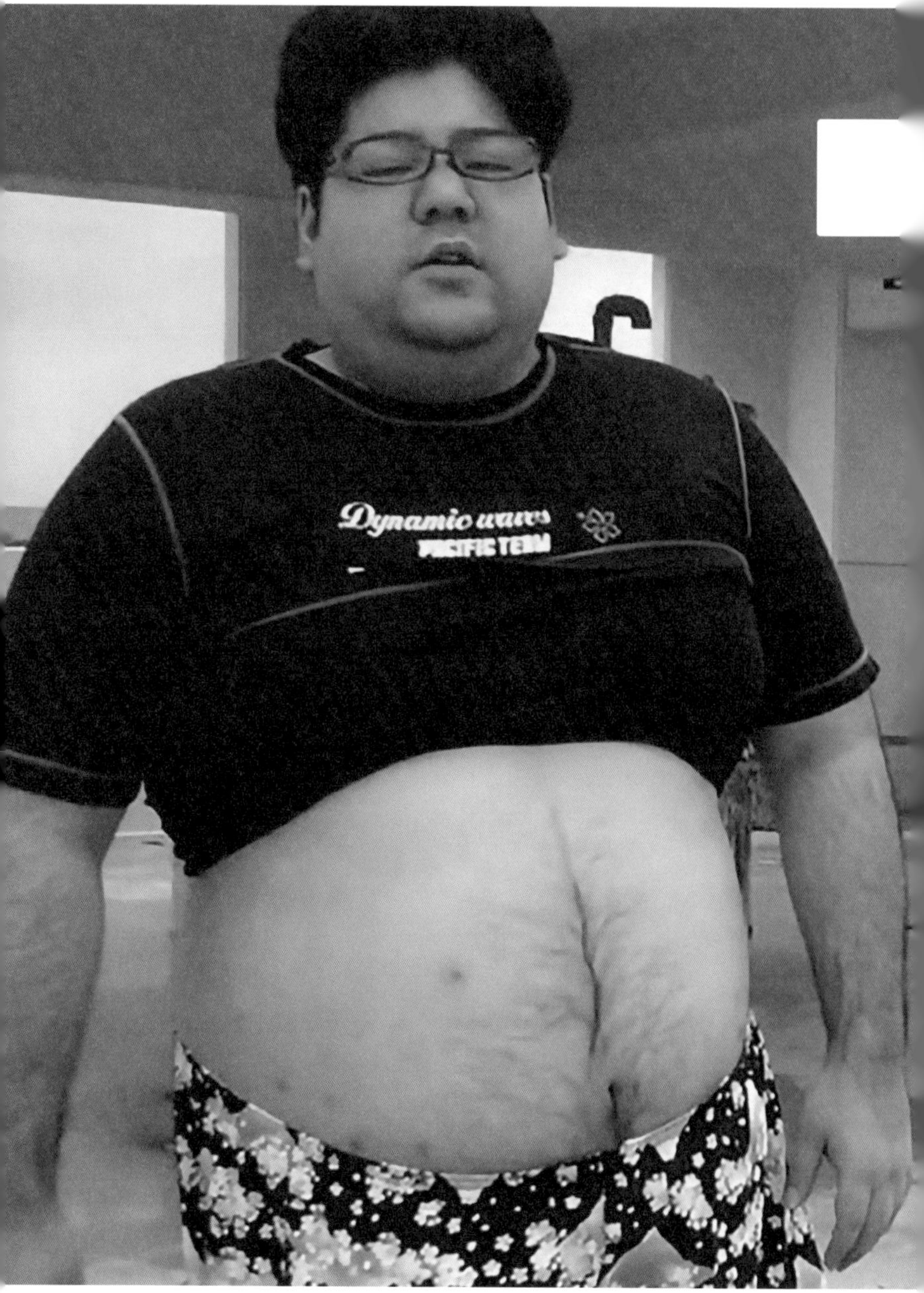
Dynamic waves
PACIFIC TEAM

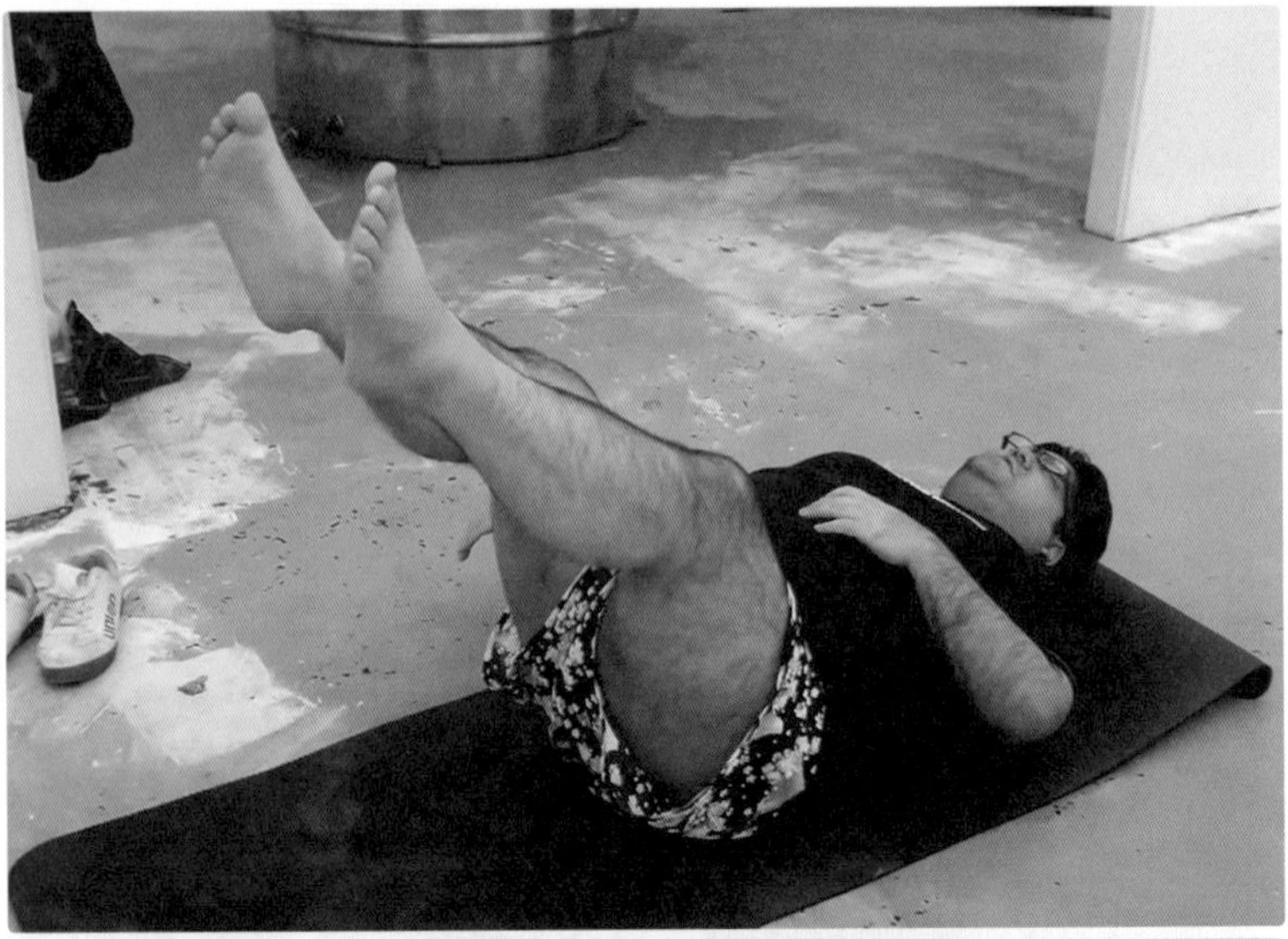

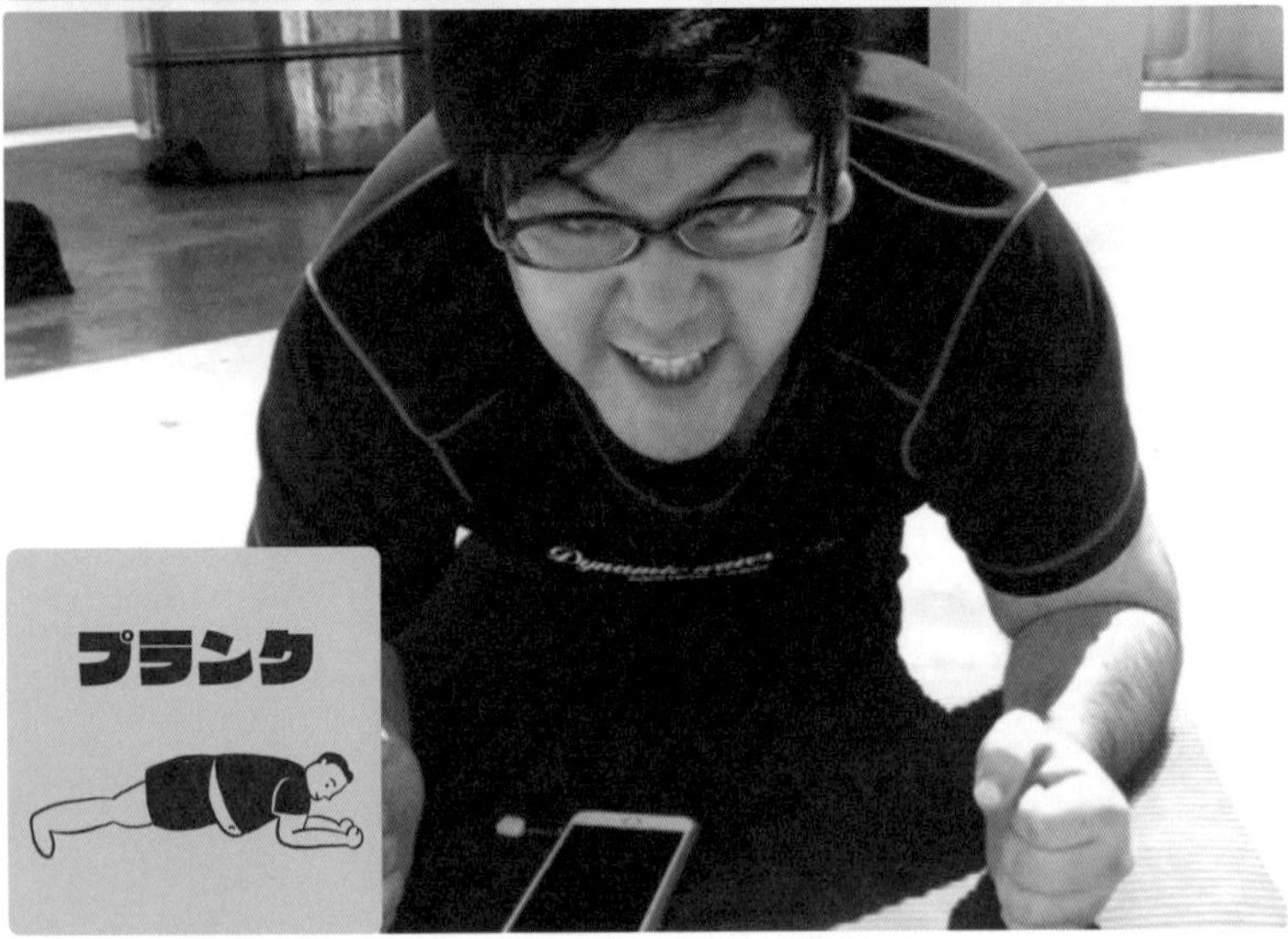

最初は、腹筋運動もプランク運動も
まともにこなせなかった。
それでもボクはあきらめなかった

86ページ

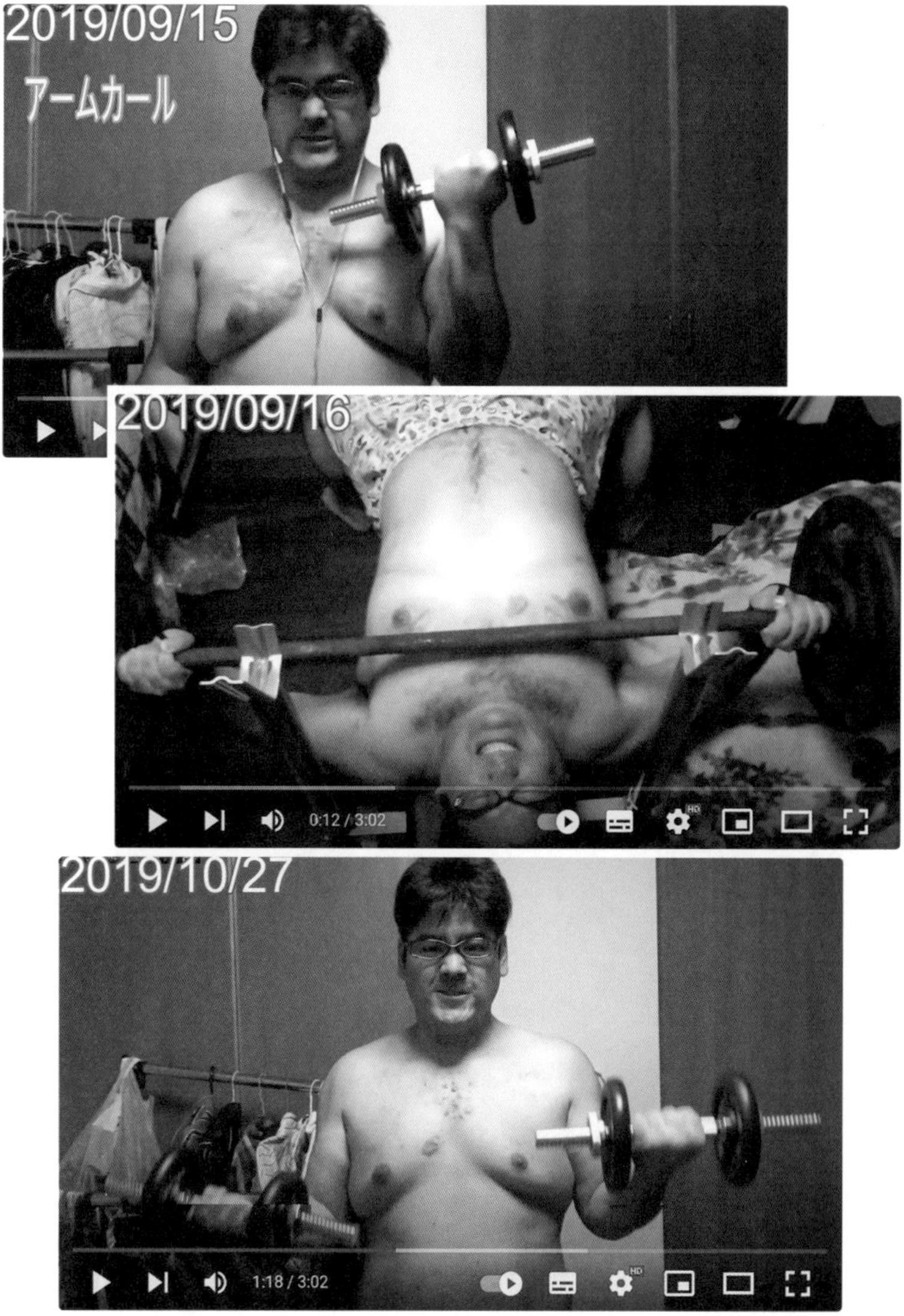

筋トレを続けているうちに、確実に効果が表れ、
できることが増えていった。それと同時に、
少しずつやる気も出て、自信もついてきた

➡ 92ページ

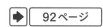

キックボクシングの試合にも挑戦。生まれて初めて他人と殴り合った。結果は判定でボロ負けだったけど、真剣に相手をしてもらえてうれしかった（写真左がボク）

➡ 93ページ

ボクは、体重が100キロになった頃から、昼間の公園で運動できるようになった。それまで引きこもりだったボクにとっては大きな一歩だった

➡ 103ページ

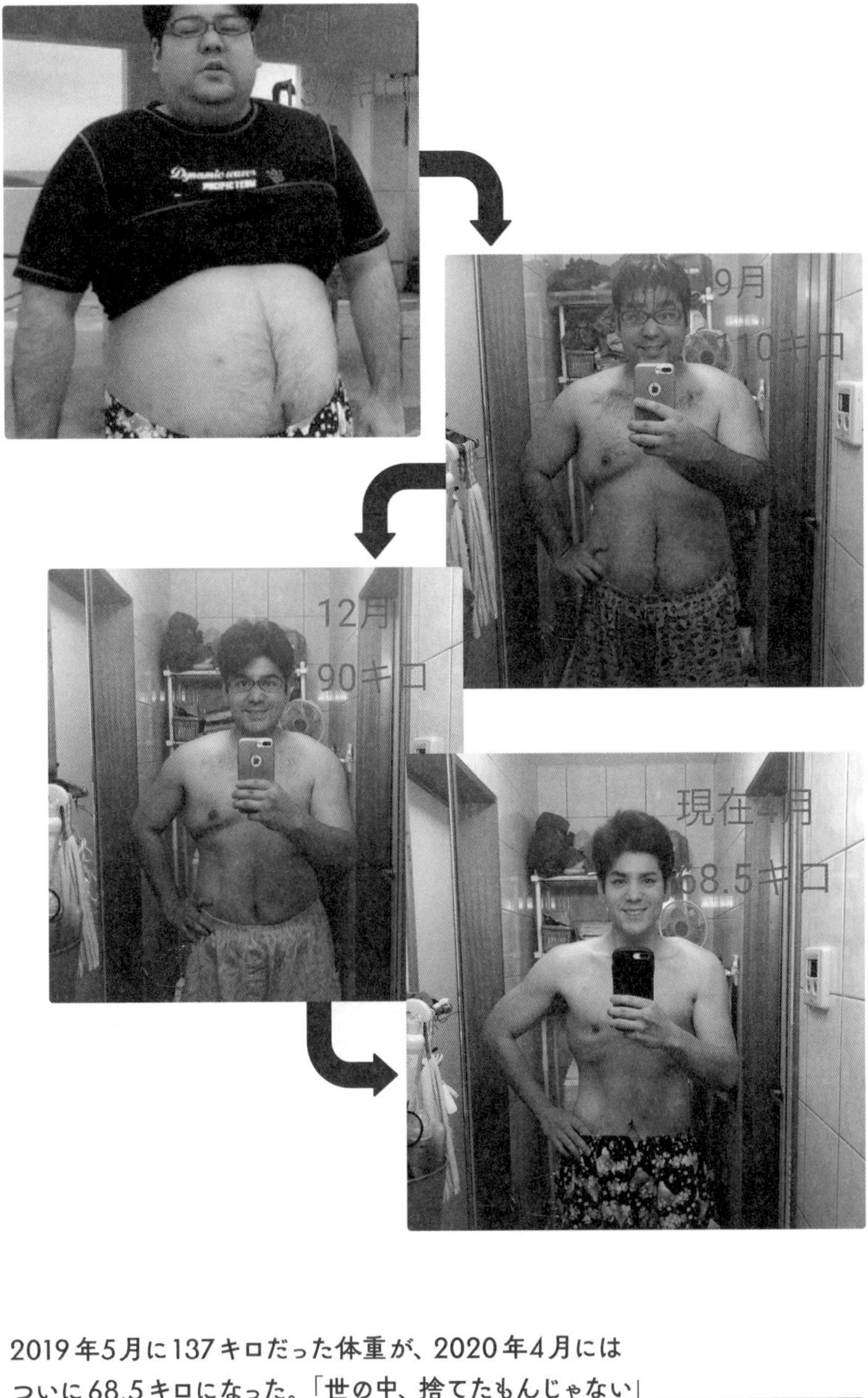

2019年5月に137キロだった体重が、2020年4月には
ついに68.5キロになった。「世の中、捨てたもんじゃない」
と思えたし、さらにがんばろうと前向きになれた

➡ 120ページ

2020年10月、沖縄で開催されたボディビル大会を見に行ったボクは、
新たな目標を見つけることになった

➡ 147ページ

ボディビルダーを目指すことを決意したボクは、パーソナルトレーナーに
ついてもらい、食事改革に取り組み始めた。当時体重103キロだった

➡ 153ページ

「85キロを切ったら、海へ脱ぎに行く」と宣言していたボクは、2022年8月14日、トロピカルビーチに行った。でも約束を実行することはできなかった

➡ 159ページ

再チャレンジしたのは5日後の8月19日。ボクはこの日、「自分の中の殻をひとつ破ることができた！」と感じた

➡ 163ページ

ボディビル大会に出場するのための筋トレはつらい。自分をどこまで追い込めるかが大きなポイントであり、ある意味で孤独なトレーニングの積み重ねだ。でも、ボクには応援してくれる人がたくさんいる。そんなみなさんに応えるためにも、自分自身が悔いを残さないよう、全力を尽くしたい。そうすれば、目指すべき次のステージが見えてくるはずだ

➡ 195ページ

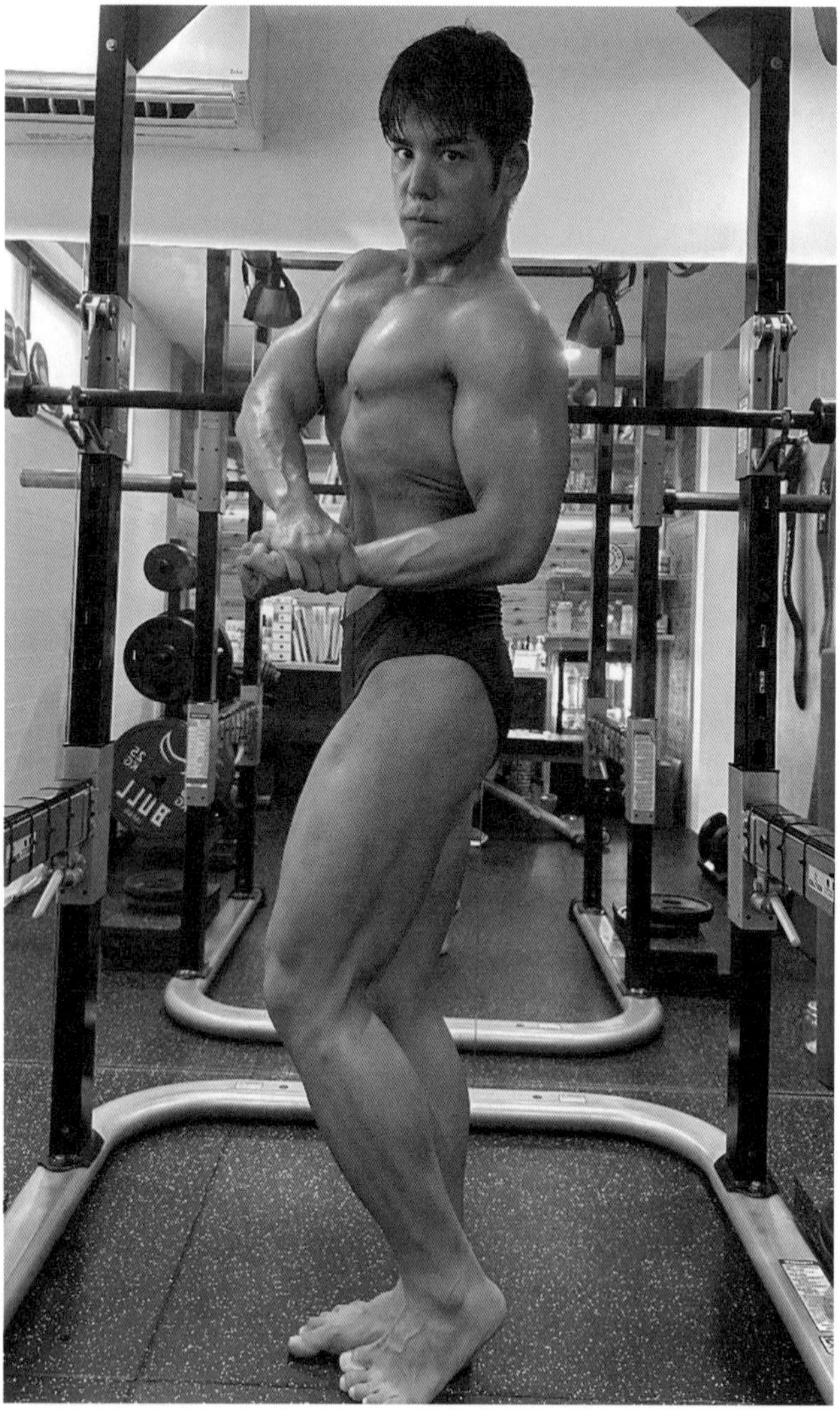

ボディビルの大会「マッスルゲート 福岡大会」が近づいていた2023年8月20日、ボクは体重を73キロまで落とすことに成功し、体もかなり絞れていた(写真上)。だがボクは、最後の最後に自分に負けてしまった。減量に失敗して、70キロ以下級への出場は断念するしかなかった。

2023年9月10日
ついにマッスルゲートのステージに！

体重制限のない新人の部に出場することも怖かった。それでもボクは、85キロになった体で新人の部に出場した。結果は14人中13位。それでも出場してよかった！　自分を見つめ直し、自分を信じて1年後を目指すきっかけをつかめたからだ。

➡ 202ページ

どんなことがあっても、負けちゃいけない！　「もう先が見えない」と思うことがあっても、目の前の目標を一つひとつ乗り越えていれば、必ず〝自分の生きる意味〟が見えてくる。ボクは今、そう思って毎日を生きている。

PROLOGUE

ボクが歩いているとみんな道をあけていた

ハイ、ルイボスです！　沖縄在住のボクは今、筋トレをメインにしてボディメイクに取り組むと同時に、ツイッター（現在のX）やユーチューブの「ルイボスチャンネル」で、自分のダイエット&ボディメイク体験を日々発信しています。

　ボクが一大決心をしてダイエットを始め、ツイッターやユーチューブで、その過程を発信するようになったのは、2019年5月、28歳のときのことでしたが、今では2万人がボクのツイッターをフォローしてくれています。それにルイボスチャンネルの登録者数は10万人を超えています。

　でも、ツイッターにしてもユーチューブにしても、別にお金儲けをしたくて始めたわけ

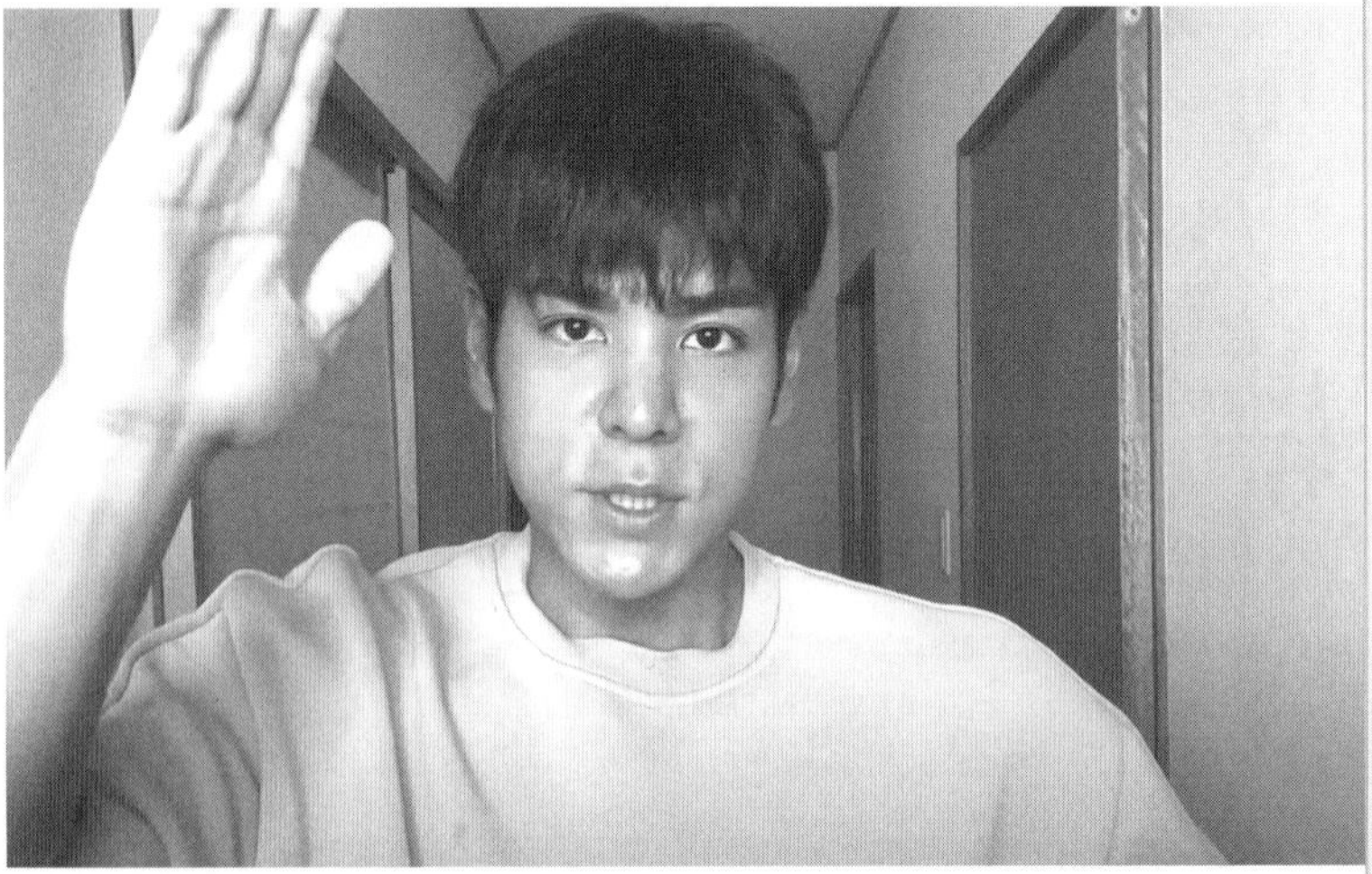

ではありませんし、何かを主張するためでもありません。目的はただひとつ！　ひたすら自分を励ますためでした。

　かつてのボクは、身長１７０センチで体重１４０キロ超のデブでした。その結果、体調をくずしたり、ケガをしたりしていました。あのままだったら、今ごろは太りすぎて命を失くしていたかもしれません。

　そればかりではありません。街を歩いていると、たくさんの人が、まるで『美女と野獣』に出てくる魔法をかけられた王子と出くわしたかのように、ボクを避けて道をあけていましたし、まったく知らない人から「あの人、何!?」「気持ち悪いな」「こっちに来るな」なんて、ひどい罵声を浴びたりもしていました。

　ボク自身、そう言われても仕方がないほど太っていることは十分に自覚していました。それでも、まわりからの心ない視線や言葉はグサグサと心に突き刺さってきます。

　あの体験は、今思い出しても「自分の存在をこの世から消してしまいたい」と思ってしまうほどつらいものでした。

　もう人と会うのもイヤになりましたし、外に出るのが苦痛になりました。生きている意味すら見つけられなくなりそうでした。

そんな日々が続く中で、ボクは最後の最後に、「もし、失敗したら腹切りあるのみ！」という覚悟でダイエットを始めました。「ふつうの人として生きられるようになりたい」という一心でした。

みんなにとって、生きていくのはふつうのことでしょう。でもボクにとって、ふつうに生きることすら難しいことでした。だから、**ボクがこれからも生きていくためには、〝ふつうの人になること〟がどうしても必要なこと**だったのです。

でもボクは、自分ひとりで厳しいダイエットを乗り越えるほど強い心をもっている人間ではありません。

そこでボクは、ツイッターやユーチューブで、みんなにダイエット宣言をすることにしたのです。そうすることで、退路を断ち、自分が絶対に後戻りできないようにしようと思ったのです。

また、「情報を発信することで、自分のことを知ってもらい、すべての人と友だちになれたら、みんながボクを見て道をあけるようなことはなくなるかもしれない。有名になったら、ふつうに街を歩けるようになれるんじゃないか」とも考えました。

それが、ボクがツイッターやユーチューブを始めた理由でした。なんとも子どもじみた発想だと笑われるかもしれません。でも、ボクにしてみれば、生きるか死ぬかの大きな問題だったのです。

当初は、まったくゼロといってもいいほど反応はありませんでした。それは当然だったかもしれません。デブのダイエットなんて、誰も見たいなんて思わないでしょう。

でも結果的には正解でした。ルイボスチャンネルを続けているうちに、応援してくれる人が少しずつ増えてきたのです。

それが大きな励みになりました。**応援してくれている人たちからたくさんの元気をもらって、うれしくなり、さらにがんばろうという気持ちになって今まで続いています。**

またそれと同時に、太っていることで悩んでいる人や、気分が落ちている人からの相談が、増えてきました。それにともない、「自分を見て少しでもがんばろうと思ってもらえるようになること」も大きな目標のひとつになっていきました。

そのために、これからも筋トレやダイエットを続けてボディメイクして、ボディビルダーとして高みを目指していくつもりです。

ボクにとって、その努力は「太っていた昔の自分を救うこと」と、「自分の人生を肯定すること」につながります。そしてまた、過去のボクと同じように肥満に悩んでいる人の励みになるかもしれません。

「ルイボスがあそこまでやれるんなら、自分にもできる!! 少しでもがんばろう」

そう思ってもらえる人間になるため、「これからも楽しみながら、がんばりたい」と思っています。

もちろん、ボクはダイエットの専門家ではありませんし、何度も失敗を繰り返しています。あくまで自分の体験を語ることしかできません。

そういう意味では、本書はダイエットのハウツー本ではありません。中には間違っていることもあるかもしれません。みなさんといっしょに、情報を共有することで、正しいダイエットとボディメイクを学んでいきたいと思っています。

また、今振り返ってみると、ボクはダイエットやボディメイクに挑戦することをとおして、少しは〝ひとりの人間〟として成長できたような気もしています。

以前のボクは、まわりの人の視線を避けるように身をひそめ、ただただ流されるままに生きていました。

でも、今は違います。ほんの少しながらではありますが、信念をもって生きられるようになっています。

　それはみなさんの励ましがあったからです。何度も挫折しそうになりながらも、みなさんの励ましのおかげで生きる目標が見つかり、未来を信じて毎日を過ごせるようになりました。そういう意味では、**ボクはダイエットすることにより、新しい命を得た**のだと思っています。

　この体験は、ボクにとって何ものにも代えがたいものとなっています。たかがダイエットと思われるかもしれません。でも、されどダイエットなのです。

　長い人生、これからもいろいろなことが起きると思います。ボディメイクどころじゃない運命が待っているかもしれません。でも、

ボクは今、これからも一歩一歩前向きに生きていくための修業を積んでいるような気がしています。

ボクが言いたいのは、「どんな人間でも、がんばれば絶対に変わることができる」ということです。

ボクは、自分はなんも才能もなければ、三日坊主で人生何をしてもうまくいかない、ダメな人間でした。だけど、そんな自分でもがんばれば変わることができたと思います。

この本を読んでくださっているみなさんに、〝がんばれば、絶対に変わることができるんだ!!〟ということをお伝えできればうれしいです。

そうです。**人は、がんばれば、絶対に変われるのです。**

目次

[STAGE]

II

始まったダイエットの日々

[STAGE]

III

ルイボス 誕生

[STAGE]

IV

訪れた大きな転機

[STAGE]

V

新たなる前進

[STAGE]

VI

目指すはボディビルダー

スタッフクレジット

プロデュース：川嵜洋平（プリ・テック）
編集協力：河野浩一（ザ・ライトスタッフオフィス）
デザイン：久保洋子
イラスト：ａｎｔｓ
校正：川平いつ子
写真協力：マース

[STAGE]

I

突き刺さる視線

幸せだった子どもの頃

ボクは、子どもの頃から肥満体質で太り気味でしたが、病的に太っていたわけではありませんでした。そもそも自分では、そんなに大食いしているつもりもありませんでした。1日に何食も食べていたわけではありません。それなりにセーブして食べたり、飲んだりしていると思っていました。

たとえばコーラを飲むにしても、一応、ゼロカロリーのコーラを選んでいました。とはいえ、1日に飲むコーラの量は1日2リットル以上でした。また、とにかくカロリーの高そうな食べ物が大好きだったことも事実でした。

中でもマヨネーズが大好きで、ご飯にもマヨネーズをかけて食べていました。それだけではありません。マヨネーズを食べたい一心で、お好み焼きや、たこ焼きも大量に食べていました。

また、ポテトチップスや甘いお菓子は必需品で、ヒマさえあれば食べていました。いや、好きというより、**「高カロリーの食べ物が自分に近づいてくる。自分も高カロリーなものに**

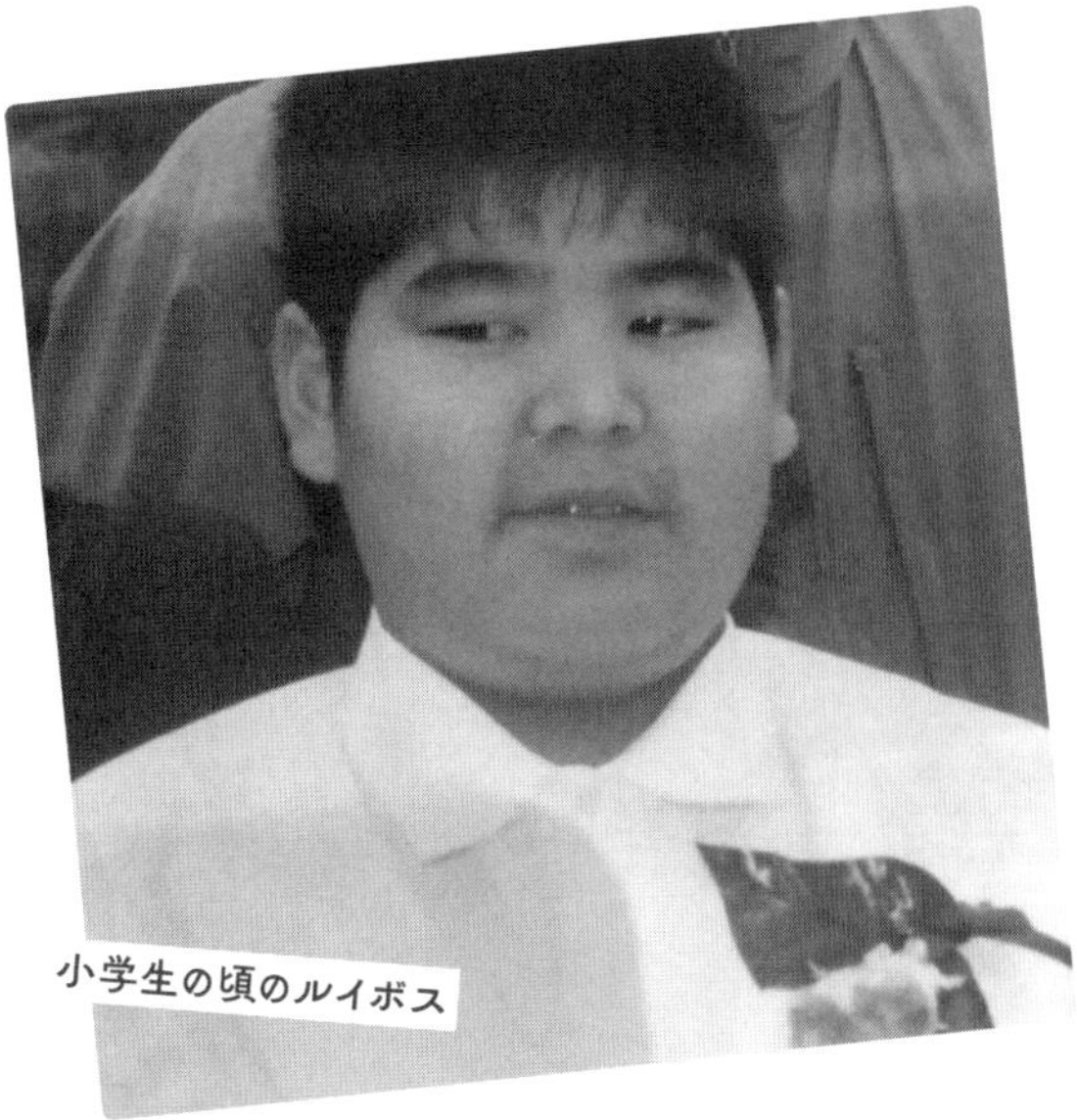

小学生の頃のルイボス

引き寄せられる」という感じでした。

それも目の前にある食べ物は速攻で食べたい……。だから、ボクは熱い食べ物が嫌いでした。たとえば、ラーメンなど熱すぎたらすぐには食べられない。それがイヤで、氷を入れて食べていたほどです。とにかく食い意地が張っていたのです。

そのいっぽうで、体を動かすのは苦手でした。趣味と言えば、ゲーム、映画鑑賞……。今になって考えると、太らないほうが不思議な生活を送っていたわけです。

思い返してみれば、家族もボクが太ることに対して鷹揚でした。小さい頃は、「よく食べる子だ」と目を細めてくれ、太りすぎを注意されたことは一度もありませんでした。

短い期間に急激に太ったりしたら気がつくでしょう。でも、日常生活の中で少しずつ太っていったこともあって、家族にとって太ったボクが当たり前になっていたのです。ただ、太っていることをまったく気にしていなかったわけではありません。

正直に言えば、小学校に入学してから、太っていることをイジられることが多くなっていました。中にはお腹を触ってくる子もいて、「なんだかイヤだな」と感じることも多くなったような気がします。だからかもしれません。ボクは小学校の頃から水泳が大嫌いでした。裸を見られることが、本能的にイヤだと思うようになっていたのです。

イヤな思いになるような小さなできごとが中学校の頃までチラチラありました。それが積み重なって、ちょっとした劣等感も芽生え始めていたかもしれません。でも、自分ではまったく気づいていませんでした。

そして、高校に入学。高校時代は楽しく過ごすことができました。いい友だちに恵まれたからです。

ボクが行った高校には、文理普通コースと共同文化コース、それに体育コースがありました。ボクは文理普通コースでしたが、ボクの体型について何か言うような友だちはひとりもいなかったし、全員仲がよく、クラスを越えて、みんないっしょに下校したりしていました。

また、みんなが毎日のようにボクの家に集まって、ボクの部屋でコンピュータゲームをしたりして、ワイワイやっていました。

そんなボクたちのために、母はいつも、オムライスおにぎりや、ポークたまごおにぎりを、大量につくって歓迎してくれていました。きっとみんなにとって、ボクの家はとても居心地のいい場所だったのだと思います。

そのおかげで、高校時代を通じて、太っていることで悩んだことなんて一切ありませんでした。体重が100キロを軽くオーバーして120キロになったこともありましたが、ボク自身は体型なんて気にせず、それこそ〝幸せな日々〟を過ごしていたのです。

振り返ってみると、**当時のボクは〝家族や友だちに守られていた〟**と言ってもいいでしょう。

人って不思議なもので、集団の中にいる誰かに対しては攻撃しにくいようです。120キロになったボクに対して、悪口を言う人はいませんでした。でも集団を離れてひとりになったとたん、個人攻撃の対象とされてしまいます。ボクは高校卒業後に、そんな個人攻撃を体験することになりました。

原因不明の病気と襲ってきた激痛

高校を卒業したボクは、将来のことを考えて、福祉系の専門学校に進学しました。ボクの家族は、母と弟の３人で、母は女手ひとつで、ボクたち兄弟のことを育ててくれました。だから、ボクとしても早く社会に出て、働きたいと考えていたのです。

でも、そこで思わぬ病気に見舞われてしまいました。

実は、ボクは小学４年生の頃から、胸の脇あたりに４㎜ほどの穴があくという病気に悩まされていました。そこから膿《うみ》が出てきますし、当然、痛みもありました。

何度か病院に行って診てもらいました。でも、原因も病名もわからないまま、たらいまわしにされ、最終的には「清潔にして、あまり動かさないように」と言われるだけでした。

また、当時処方された薬は効かず、むしろ炎症がひどくなるだけでした。それでも、放っておいたら、ある程度日数が経つと症状が治まっていましたから、ボク自身はそんなものだと思って、それほど気にもしていませんでした。

ところが、専門学校に入学してしばらくすると、急激にひどくなったのです。

症状の出る範囲が広がり、風呂に入って水が傷口に触れるだけで、まるでナイフで刺されたような激痛が走るようになりました。また、体中にかゆみが出て、いてもたってもいられないほどになりました。

それでも最初のうちは、病院に行こうとは思いませんでした。病院に行ったとしても、また「清潔にして、あまり動かさないように」と言われるだけだと思ったからです。それに、母に心配かけたくないと思ったのも理由のひとつでした。

だから、しばらくは誰にも言わず、「いつものように、そのうちなおるだろう」と我慢していました。

しかし、我慢の限界がやってきました。ついに、痛みとかゆみに耐えられなくなって、市立病院に行って診てもらいました。そこで初めて、「良性汗腺腫」という病名が付けられました。皮膚に穴があいて、その穴と穴がつながり、皮膚が裂けていくという珍しい病気で、診てくれた先生からは「ごく稀に患者がいる病気」という説明がありました。

この段階でなんとか病名は付いたものの、「そもそも原因不明で、効果的な薬もないし、治療法としては皮膚移植しかない」という話でした。

その後、通院する日々が続きましたが、一向によくならないまま症状が悪化して、ついには、2か月近く入院して、内ももの皮膚を移植することになりました。

この病気のための通院・入院で、専門学校の授業はまともに受けられませんでした。なんとか卒業はできましたが、その後も闘病生活は続くことになったのです。

再度の皮膚移植

最初の皮膚移植のあと、少しは症状も治まりました。そしてボクは保育系の短大に進学しました。専門学校はなんとか卒業したものの、病院通いで中途半端に終わっていましたし、もっと専門的なスキルを身につけないと、これから先の人生設計なんて立てられないと思ったからでした。

そのときのボクは、めちゃくちゃポジティブだったと思います。新しい生活が始まるときって、誰でも前向きになれるじゃないですか！

また、それに加えて、ボクはダイエットにも成功していました。

「新しい生活を始めるにあたって、やっぱり100キロ超ではまずいだろう。体もスッキリさせよう」という気持ちから、食べる量を控えてひたすら歩くという、いかにも素人が考えるようなダイエット法でした。

それでも効果はありました。その時期、ボクは沖縄本島を何周もするほど歩きましたが、体重を85キロまで落とすことに成功したのです。

それだけ体重を落とすと、息が切れることもなく、体も動かしやすくなります。それだけではありません。気持ちもどんどん前向きになっていきました。

そのまま、なにごともなければ、ボクは、保育の先生になって、今頃は子どもたちに囲まれた生活を送っていたかもしれません。

でも、人生そうそう、うまくいくものではありませんでした。短大に入学した矢先に、またしても症状がひどくなってしまったのです。

皮膚にあいた傷が広がって膿が出てくるのに加え、汗のような汁が大量に出てきて、バスタオルがビショビショになるほどでした。それでも、また皮膚の移植手術を受けることになるのがイヤで、病院には行かず、家族にも何も言わずに我慢していました。

母は、ボクが毎日、ビショビショになったタオルを洗濯に出すのに気づき、「水でもこぼしているのかしら。それにしても毎日出すのはおかしい」と気づいたようですが、ボクは何もないような顔をし続けていました。

しかし症状はどんどん悪化していきました。そしてとうとう〝マジにヤバい状態〟になってしまいました。その段階でボクは、ようやく病院に行って診てもらいましたが、案の定、再び皮膚移植を受けることになってしまいました。

そうなると、短大に通い続けることもできません。結局、短大には1年ほど在学したものの、中退するしかなくなりました。その頃には、せっかく85キロまで減っていた体重がまた増え始めていました。

今、振り返ると、ボクはこの入院で、メンタル面で致命的なダメージを受けたような気がします。

皮膚移植の手術自体もつらいものですが、新たな人生を始めようとしていた矢先だっただけに、「どうしてボクだけが!」「なんでこんなに運が悪いんだ」という気持ちになりました。そして「もう、どうでもいいや」という投げやりな気持ちがわいてくるのを抑えることができませんでした。

ボクにはもともと、人の目を気にする性格がありました。前向きに生きられる、強い気持ちをもった人なら、たとえ、ボクと同じ病気になっても、まわりの人に対して正直に「こんなになっちゃってさぁ。でもがんばるよ!」と言えるでしょう。でもボクにはそれが難しかったのです。

傷口から汁が垂れることもつらかったし、膿のにおいとかを人に気づかれるのもイヤでした。そして、傷の痛み以上に、人と会うことに苦痛を感じるようになり、「外に出たくない。誰にも会いたくない」と思うようになってしまったのです。

仲のよかった高校時代の友人たちとの関係も、自分のほうから一方的に断ってしまいました。皮膚移植の手術を受けることは一切告げなかったし、友人が心配して家を訪ねてきても、母に「いないと言って」と言って、顔も見せずに帰ってもらいました。

精神的にも、完全な引きこもり状態になってしまったのです。

始まった過食

この入院がきっかけで、ボクの過食が始まりました。強いストレスを感じて、ジャブのように大食いを繰り返すようになったのです。過食は皮膚移植のための入院中から始まりました。

自分的には過食しているという自覚はありませんでした。入院していると、ほかにすることもないから、ついつい食べ物に手が伸びる。ひとりで病室にこもってお菓子をむさぼり食うのですが、いくら食べてもまだ食べられる……。もう、食欲をコントロールすることができなくなってしまいました。

あとになって、過食症のきっかけは、強烈な不安感や自己嫌悪、卑下、うつなどが原因とされていることを知りましたが、ボクの場合も、まさに強烈な不安感や自己嫌悪、卑下などをきっかけに過食に走ったのだと思います。

過食は、退院してからも続きました、その結果、120キロになっていた体重は2か月で一挙に20キロ増え、140キロを超えてしまいました。人生最大の体重でした。さすがに〝ヤバい〟と思いました。でも、命にかかわるほどの強い危機感をいだいたわけではありません。今にして思えば、認識不足でした。

また、自宅に戻ってからも引きこもりを続けていましたから、人の目も気にせず、それまでと同じように過食生活を続けていました。

ところが、ある日突然、ボクの体に異変が生じたのです。

生きるか死ぬか……それが問題だ！

いつものように、ご飯を食べて寝ていたとき、右足に激痛が走って目が覚めました。それまで体験したこともない、まるでハチに刺されたような痛さでした。

〝痛っ！〟と感じて思わず右足を見ました。でも見た目はなんでもありません。最初のうちは「そのうち痛みも治まるだろう」と、たかをくくっていました。でも、痛みが治まることはありませんでした。

横になるたびに痛みが出るようになり、ずっとしびれているような状態になってしまったのです。素人考えですが、あまりの体重増加のせいで血流が悪くなり、痛みを感じるようになっていたのではないかと思います。

また足の痛みと同時に、食後、横になっている最中に吐くようにもなりました。食べ過ぎたモノが食道を逆流してくるのです。

それも、ただ吐くだけならいいのですが、逆流してきたモノが喉のあたりに詰まり、息ができなくなるのです。「このままだと死ぬかもしれない」と思うほどでした。

また、歩くことすら困難でした。まして階段なんて、とてものぼれる状態ではありませんでした。自分の体の重さで臓器が圧迫されていることを自覚するほどです。

暑さも大敵でした。太っていると、分厚い脂肪が邪魔して体の熱をうまく放出できません。そのため、体は汗をかいて熱を下げようとします。太った人が汗っかきになるのはそのためです。

ボクはもともと典型的な汗っかきで、沖縄の場合、冬でも暑いときがありガンガン冷房をかけていましたし、真夏なんて外に一歩出るだけで、暑さにやられて死にそうになっていましたが、それがいっそうひどくなりました。

これは、ヤバいと思っていたところに加えて、足に痛みが出てきたのです。

そのときボクの頭をよぎったのは、「このままでは体半分が麻痺して、介護が必要になってしまうかもしれない」という心配でした。

そのとき病院に行ったわけではありませんが、もし病院に行って検査してもらったら、余命宣告されていたかもしれません。

容赦なく浴びせられた冷淡な視線

それればかりではありません。80キロ台だった頃には、まわりから何か言われるようなこともありませんでしたが、140キロ超になると、周囲の人のボクに対する視線が変わったばかりではなく、猛烈な〝いじめ〟が始まりました。

たとえば、外出すると、誰もが振り返るようになりました。あるいは振り返らないまでも、見ちゃいけないものを目にしたかのように、あわてて視線をそらす人も出てきました。

ボクは前述したように、どちらかと言えば人の目を気にする性格です。そんなまわりからの視線はとても辛いものでした。それでもボクは、「人からどんな目で見られようと、あまり気にしないようにしよう」と自分に言い聞かせていました。

「別に太っていたっていいじゃないか、ボクはボクなんだから……」と深刻に考えないよう日々過ごしていました。そして、相変わらず大食い生活は続けていました。ある意味では、開き直っていたと言えるのかもしれません。

しかし、それだけでは済みませんでした。ほどなく、視線だけでなく、ひどい中傷の言葉にさらされていることに気づきました。外に出かけて買い物や食事をして帰ってくる間、ほとんど30分おきに、ボクの体型を中傷する声が聞こえてくるようになったのです。「あの人デブだね」とか「太りすぎだよね」というささやき声に始まり、露骨に「何あのデブ、ヤバくない」などと言っているのも耳に入ってくるようになりました。

そんなことを言う人の7割は、なぜか女性でした。

それも、ひとりのときには言わないのですが、2人以上の〝群れ〟になると、平気で口々にそんな言葉を口にするのです。

非情だった「鬼の軍団」

彼女たちにしてみれば、直接ボクに言っているわけではないから、中傷しているなんて意識すらないのでしょう。

でも言われているほうにすれば、ほんとうにつらいことです。女性のグループが〝鬼の軍団〟に見えてしまうほどでした。

また、そんなことを口にする人は、ボクひとりに言っているつもりでしょう。でもボクの耳には、そんなつぶやきがつぎつぎと入ってくるのですから、周囲のみんなから一斉に言われているようなもので、まるで〝集団いじめ〟を受けているようなものでした。

一番きつかったのは、女友だちと軽くご飯を食べようとレストランに食事に行ったときのことです。近くの席から「あの人、あんなデブの人といっしょにいるけど、ありえなくない⁉」と、ふつうに言っている声が聞こえてきました。

ボクが、デブすぎとか、気持ち悪いとか言われるのならまだいいんです。でも、いっしょに行った女友だちに対して「あり得なくない」と中傷するなんて、それこそあってはならないことです。

その場は一瞬で凍りつきました。ボクは怒りがこみ上げてくると同時に、女友だちに対してものすごく申し訳ない気持ちになってしまいました。そしてお互いに気まずい思いをかかえたまま家路につくことになりました。

ボクを知っている人に言われるのもつらいと思いますが、まったく知らない人から言われるのは、めちゃくちゃつらいことでした。

確かに身長170センチ、体重140キロ超のボクは、モンスターのような体型かもしれません。でも言っていいことと悪いことがあります。それどころか、ボクといっしょにいる人まで中傷するなんて、もはや犯罪です。

帰り道、ボクは妄想していました。

「ボクがやさしい善人モンスターでよかったよ。もし、頭のいかれた悪玉モンスターだったら、全員殺《や》っちゃってたな！」と——。

ボクの場合、妄想するだけで、実際に人を殴るなんてことはありえないことでしたが、いわゆる無差別殺人事件などが起きて、「捕まった犯人が誰でもいいから殺したかったと自供している」などと報じられるたびに、「なんとなくわからないでもない」と思うことがあります。

もちろん、無差別に人を殺したり、暴力をふるうなんて、絶対にあってはならないことですし、許されないことです。でも、そんな気持ちになるまでには、その人を取り巻くまわりの影響が深く関係しているんじゃないかと思うのです。

ボク自身、道を歩いていて、中傷され続けているうちに、頭をかかえて「ワーッ、もうダメだ。どうしよう」とうずくまってしまったことがありました。もう歩けなくなって、大声で「うるさい。お前たちとは関係ないだろう。ほっといてくれ」と叫び出しそうになったこともありました。

突きつけられた厳しい現実――半身不随になってしまうかも!?

とにかく、ちょっとでも人の多いところに行くと、そうした中傷の声が聞こえてくるので、外出したくなくなるというか、出かけられなくなって自宅に閉じこもる、という悪循環が始まりました。

そんなさなかに、足に痛みが出たのです。足がしびれるようになって、さすがのボクも真剣に考えざるを得なくなりました。そのまま半身不随になって介護される自分の姿を想像するだけでゾッとしました。

仮に半身不随になったら最悪です。生きていくのもイヤになります。また、介護が必要になれば、間違いなく、家族に大きな負担をかけてしまいます。それは絶対に避けなければなりません。「そんなことになるくらいなら、死んだほうがマシだ」とも思いました。

ボクは、「**このまま死ぬか、ダイエットするかの二択だな**」と思って、ひとりで真剣に悩みました。あげくの果てには、「何か犯罪をおかして刑務所に入れられれば、イヤでもダイエットできるかもしれない」などと考えたりもしました。

追い詰められたとき、人は思考がおかしくなって、とんでもないことを思いついたりするものなんですね。

でも、仮に死ぬことを選んでも、刑務所に入っても、自分は楽になるかもしれませんが、家族に大きな迷惑をかけることに変わりはありません。当然ですが、とてもそんな選択をすることはできませんでした。

ヤバい!! 命を懸けてダイエットしてやろう!!

ボクが「ふつうの人間になりたい」と願い、改めて「ダイエット」という5文字を思い浮かべたのは、そんな悶々とした生活を送っていた、ある日のことでした。

多くの人は、「見た目をよくしたい」とか、「かっこよくなりたい」と思ってダイエットを始めるのでしょうが、ボクの場合、そもそも生きるか死ぬかの問題でした。

実際、専門学校に入学する前には、85キロまで減量に成功したこともありましたから、やってやれないことはないはずでした。

ボクは、「どうせ死ぬなら、命を懸けてダイエットしてやろう!!」と思いました。見た目

なんてまったく関係ありません。あくまで、「生きたい！　ふつうの人と同じように健康な生活を送れるようになりたい」という気持ちしかありませんでした。

そういう意味では、ボクにとってのダイエットの目的は、スタート時点から、ほかの人とはまったく違う次元にあったと言えるでしょう。

でも本格的なダイエットをしようにも、以前、歩くことで、100キロ台だった体重を85キロまで落とせたことはあったものの、今回は140キロ超からのダイエットです。果たしてちゃんとダイエットできるかどうか、不安はありました。

それでもボクは、単純に「とにかく、食べる量を減らせばいいんだろう」という素人考えで、米などの炭水化物は一切食べないようにして、豆腐とか刺身、納豆、鶏のむね肉など、カロリーの少ないものをほんの少しだけ食べるというダイエットに挑戦することにしたのです。

振り返ってみると、その頃の1日の摂取量は1200キロカロリーぐらいだったと思います。それまで爆食いしていたボクにしてみれば、まるで断食しているのと同じでした。

[STAGE]

II

始まったダイエットの日々

ゴールデンレトリバーがフライドチキンに見えてきた

140キロ超だったボクは、ダイエットを始めるにあたり、まず2ケタ台……つまり100キロを切ることを目指しました。そのため断食に近い食事制限を考えたわけですが、実際始めてみると、めちゃくちゃつらいものでした。

最初の2週間は、まさに地獄のような苦しさです。お腹が空きすぎて眠れないし、外に出かけて、散歩しているゴールデンレトリバーを見かけたときには、そのゴールデンレトリバーが〝歩くフライドチキン〟に見えてきて、思わず口の中につばがわいてくるほどでした。本格的な幻覚が出る一歩手前だったと思います。

それでも、2週間が過ぎる頃には、ひどい空腹感が消えていきました。体が慣れてきたのです。ボクは「これでふつうの人になれる」と、大きな喜びと達成感を覚えました。でも、それは大きな間違いでした。今度は、体が思うように動かせなくなってしまったのです。

頭はもうろうとするし、立っているだけでもフラフラするようになってしまい、「とても、これは続けられない」と思いました。

そんなとき、インターネットでたまたま目にしたのが、『格闘代理戦争』という番組でした。格闘技界に次世代スターを送り出すことを目的とした格闘ドキュメンタリー番組です。それが結構面白くて、「これだ！」と思ったボクは、さっそく近所のキックボクシングのジムに足を運んで宣言したのです。「ダイエットして痩せたいんで入ります！」と——。

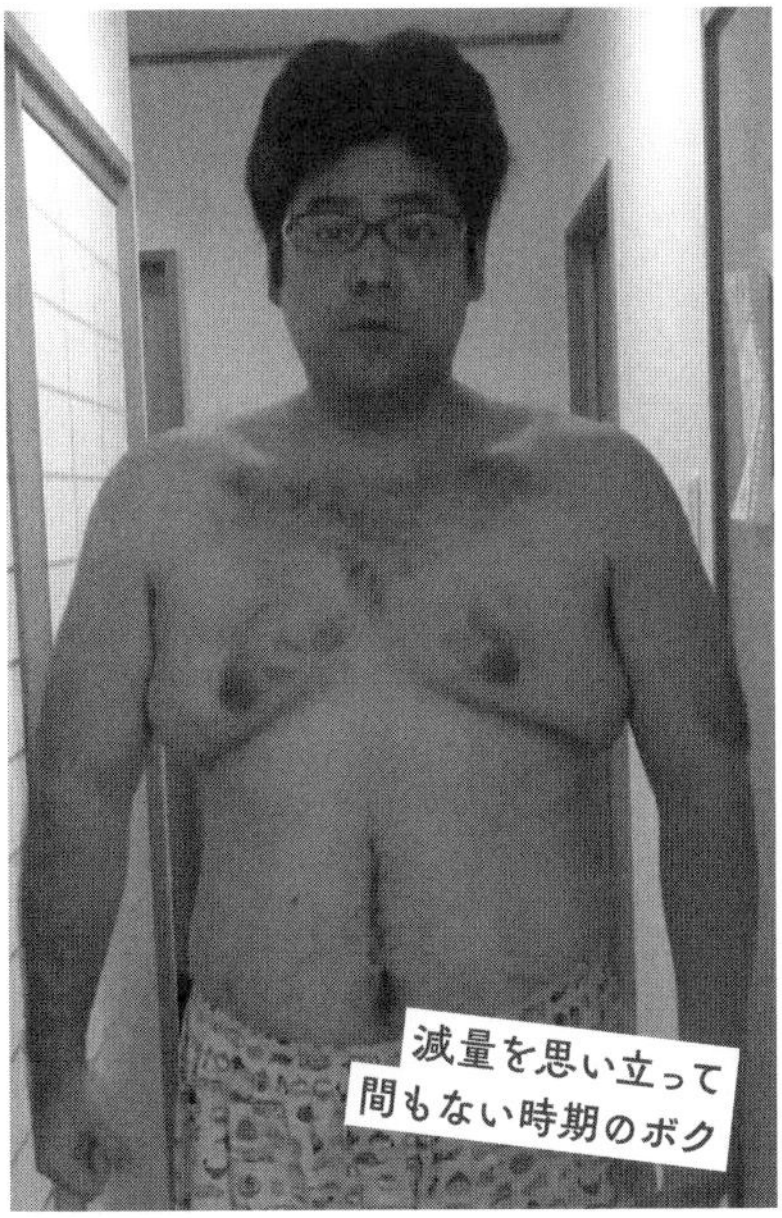

減量を思い立って
間もない時期のボク

キックボクシングジムに入門、2週間で15キロ減

キックボクシングのジムに入ることに、まったくためらいがなかったわけではありません。ボクの体型を見たとたん、「いったい何、考えてるの⁉」と鼻で笑われるんじゃないかと思ったからです。でも、〝案ずるより産むが易し〟でした。

「痩せるためにキックボクシングをしたい」と申し出たボクに、ジムの人は「そうですか。じゃあ、痩せるためにがんばりましょう」とすんなり受け入れてくれました。安心しましたし、この人たちなら信頼できると思いました。

またボク自身、人目につきたくないという気持ちを拭いきれずにいましたが、「ボクシングジムにだけは、人目なんて気にせず、がんばって通おう！」と決意したのです。

それは2019年4月のことでした。かくしてボクは、月・水・金と、週3回、ジムに通いながら、家でも腹筋運動など軽く運動するようになったのです。

最初のうちは、歩くのもやっとなほど太っていたので、軽くパンチを打ったり、足を上げたりしていましたが、確かに効果がありました。

2週間ほどで、体重はいきなり15キロ以上減少したのです。食事制限とジムに通って運動をするようになった成果でした。

ボクにしてみれば画期的なことでした。そんなに一挙に体重が落ちたのは生まれて初めてのことでしたから、それこそ有頂天になりました。

振り返ってみれば、「ボクシングジムにだけは、がんばって通おう！」という決意があったからこその結果です。それは**ほかの人にしてみれば、ほんとうにちっぽけな決意にすぎないかもしれません。でも、ちっぽけな決意が人生を変えることだってあるんです。**

無謀なダイエットで死にかけた！

そもそも、以前のボクは、かなりの量を食べていました。1日に食べる量がふつうの人と極端に違っていました。それも、味の濃い、高カロリーのものばかりです。ご飯にしても、前述したように、どんぶり山盛りのご飯にマヨネーズをたっぷりかけ、醤油をたらしたうえに、2杯、3杯と爆食いしていました。それだけ食べれば太るのは当然でしょう。

逆に言えば、それだけ太っていたからこそ、ダイエットによって体重が落ちるスピードが速かったのです。

よく「肥満の人は痩せやすい」と言います。たとえば、体重50キロの人がいつも食べている食事を、60キロの人と100キロ超の人が1か月続けた場合、60キロの人はわずかずつしか体重は減りません。しかし、100キロ超の人は劇的に痩せることになります。

100キロ超の人は、60キロの人と比較すると、50キロ近い重りを担いで走っているようなものです。生きるためだけでも大量のカロリーを消費しています。

それにもかかわらず、食事を制限して少ししかカロリーを摂取しなければ、体に蓄積していた脂肪や筋肉を消費して生きることになります。その結果、どんどん体重が落ちていくのです。

ただし、そんな減量をすると体がついていきません。当然のことですが、カロリー不足に陥り、体をうまく維持できなくなってしまうのです。

ボクの場合も、まさにそうでした。前述したように、頭はボーッとしてくるし、立っているだけでもフラフラするようになってしまいました。おおげさに言えば、餓死寸前の状態になっていたのです。

ボクが、そんな食事制限していることを、キックボクシングジムのトレーナーさんに話すと、こう注意されました。

「健康的に痩せるには、ちゃんと炭水化物も摂らなきゃいけない。基礎代謝量というものがあります。せめてトレーニングの前には、おにぎり1個でも食べたほうがいいですよ」と——。

そのとき、ボクは基礎代謝量という言葉も知りませんでした。

基礎代謝量って、いったい何？

さっそくインターネットで調べて、基礎代謝量がいかに大切かということを知りました。

基礎代謝とは、体温維持、心臓や呼吸など、人が生きていくために最低限必要なエネルギーのことで、それを下回ると、人は生きていけません。ボクはそんな基本的なことも知らないまま、単純に「ダイエット＝食事制限」と思い込み、無謀なダイエットをしていたのです。

ちなみに、日本人男性の場合、〔13・397×体重（kg）＋4・799×身長（cm）－5・677×年齢（歳）＋88・362〕という計算式（ハリス・ベネディクト方程式改良版）で、基礎代謝量を計算できます。

この計算式に従うと、ボクの基礎代謝量は、〔13・397×体重140kg＋4・799×

身長170㎝－5・677×年齢28歳＋88・362≒2620・8キロカロリー」となります。めちゃくちゃ太っていたボクは、ただ生きていくためだけでも、それだけのカロリーを必要としていたのです。

それにもかかわらず、1200キロカロリー程度しか摂取していなかったのですから、頭がもうろうとしたり、体がフラフラしたりするのは当然のことでした。もし、あのまま続けていたら、ほんとうに倒れていたかもしれません。

リセット！ ルイボス流自炊ダイエットの開始

ボクがダイエットを始めようと思ったのは、前述したように、あくまで〝ふつうの人になって生きるため〟です。痩せてかっこよく見られたいなんて、さらさら考えていませんでした。

死んでもいいから痩せてやろうというのなら話は別ですが、ダイエットで体を壊しては本末転倒です。そこでさっそく、食事を見直して5月にはリスタートすることにしました。

まず、1日の摂取カロリーを1900キロカロリー～2000キロカロリーに設定しました。

前述したように、ピーク時のボクの基礎代謝量はおよそ2620キロカロリーです。でも、それだけ摂ると痩せることはできません。かといって1200キロカロリーでは生きることも難しい……。

そこで2000キロカロリーをひとつの目安としたのです。そしてそれを達成するために、自炊によるダイエット食を中心に据えることにしました。

主材料はスーパーで買ってきた「サラダシーチキン」や「グリルフィシュ シーキチンあっさり塩味」、それに「マンナンごはん」です。

「サラダシーチキン」と「グリルフィシュ シーキチン」は、はごろもフーズというメーカーの商品で、「サラダシーチキン」はキハダマグロを、「グリルフィシュ シーキチン」はカツオを主原料としています。

また、「マンナンごはん」は大塚食品の商品で、米に似せたこんにゃく米が混ぜられており、ふつうのご飯より糖質を制限することができるとされています。

成分表によると、サラダシーチキン1袋（60グラム）で、エネルギー63キロカロリー、タンパク質15・4グラム、脂質0・1グラム、炭水化物0・0グラム。グリルフッシュは1袋

（40グラム）で、エネルギー47キロカロリー、タンパク質11・0グラム、脂質0・2グラム、炭水化物0・2グラムです。

ほんとうはヒレステーキを食べたいところです。もともとヒレステーキは好んで食べていましたし、「ああ、おいしかった」と満足感も得られますから、ストレスも少なくて済むのですが、やはり脂質が多い……。

とにかく脂質を減らすために、ノンオイルのシーチキンを活用することにしたのです。また、マンナンごはんは、1パック（140グラム）で、エネルギーは143キロカロリー、タンパク質1・4グラム、脂質0・3グラム、炭水化物38・1グラム、糖質33・4グラム、食物繊維4・7グラムです。

ちなみに、これらの食材を使うルイボス流のダイエット食は以下のとおりでした。

【ルイボス流　自炊ダイエット食】

1 フライパンにエクストラ・バージンオイルを小さじ1杯（60キロカロリー）だけ垂らし、卵を2個入れて目玉焼きをつくります。卵1個（Lサイズ・65グラム）で約80キロカロリーなので、これで220キロカロリー、タンパク質は12・6グラムほどです。

2 目玉焼きをつくる間に、マンナンごはん1パックを、レンジでチンします。

3 サラダシーチキン1袋と、グリルフィシュ シーチキン3袋（計約204キロカロリー、タンパク質約48・4グラム）をボールにあけて、マンナンごはんと混ぜ合わせます。そして、その上に焼きあがった目玉焼きをのせ、さらにピクルス（大さじ2杯28カロリー）をのせてできあがり！ これで合計595キロカロリー、タンパク質62・4グラムほどになります。

見た目は決してよくありませんが、これが結構おいしいんです。そして合わせる飲み物は、ダイエット効果があるとされる黒ウーロン茶！

実は、この料理はダイエットを始める前から食べていました。ただし、その頃は、これにマヨネーズを大量にぶっかけ、醤油をかけて食べていました。そうしないと、味覚的に満足できなかったのです。

しかし、脂質をカットするためにマヨネーズは泣く泣く完全カット！ 最初は、味が薄くて、なんだかネコになったような気分でしたが、慣れるにつれておいしいと感じるようになりましたね。これを朝晩2食、食べていました。

この時期、ボクは昼間のアルバイトをしていましたから、どうしてもコンビニ弁当で済ませることになりました。コンビニ弁当は平均して700~800キロカロリーになります。

仮に3食ともコンビニ弁当にすると、それだけで軽く2000キロカロリーを超えてしまいますが、朝晩2食を、自炊のダイエット食にすれば、2000キロカロリー以下に抑えられます。

ただし、これは素人であるボクのやり方ですから、あくまで参考程度にしてください。理想を言うなら、もっとバランスのとれた食事を目指すべきです。また基礎代謝量にも十分配慮してもらいたいと思います。たとえば、

2000キロカロリーに設定したら、それを下回らないようにすることです。

そうしたことに気をつけたうえで、2週間試して減らないようなら、食事をもう少し減らしたり、運動を増やしたりすればいいと思います。

また、ダイエット開始当初は水分などの影響もあって体重が減りやすいのですが、ダイエットを続けているうちに、なかなか減らなくなることもあります。そんなときにも焦らないこと！　絶対に無理をしないことが大切です。

これが人生最後のチャンス!?

自炊ダイエットを始めた当初は、まだ食べ足りないような気がしていました。でも、2か月ほどすると慣れてきて、それ以上食べたいと思わなくなりました。

そこまでいくには、もう気合いの世界です。「ふつうの人間になりたい！　さもなきゃ死んでしまう」という一心でした。

だいたい140キロ超の人は、お腹が空いているから食べるんじゃないんですよ。そこに食べ物があるから食べる。お腹いっぱいでも食べる。

食べるから140キロ超まで太ってしまっている……。その無限のループを断つ必要があったのです。

また、しばらくすると、食事制限とジムに通う効果に加え、自宅でやっていた運動の効果も表れ始めました。

自宅での運動といっても、最初のうちは体も動きづらかったので、まずは散歩から始めました。それも最初のうちは、5分ほどでハアハア言ってました。

でも体重が減るにつれ、歩ける時間が5分から10分、10分から20分と、少しずつ伸びていきましたし、それとともに足の痛みもなくなり、たとえば腹筋や筋トレなど、できることが少しずつ増えていきました。

なにしろ焦らないことが大切です。最初から筋トレ系やダイエット系の動画を真似してやろうと思っても、140キロ超の人には無理な話です。体を壊してしまいかねません。やれることから始めるしかないのです。

もちろん、体重140キロ超の人でも、激しい運動をこなせる人はいます。それは、鍛えているからです。たとえば力士はそうですね。

でもボクの場合は、何もできない140キロ超だったので、できることから始めなければばなりませんでした。**とにかく自分にできることを見つけて、自分なりの方法を見つけていこうという気持ちをもつことが大切だ**と思います。

ちなみにボクは、踏み台昇降もやっていました。高さが15〜20センチぐらいある台ならなんでもいいんです。最初は45分ぐらいから始めましたが、慣れてきたら2時間ぐらいできるようになりました。

さらにエアロバイクも購入しました。エアロバイクでは、毎日、700キロカロリーを消費することを目標にしました。

といっても、最初からできるはずもありません。最初のうちはお尻がめちゃくちゃ痛いし、股間がしびれてたいへんでした。

購入したエアロバイクは、負荷が1段階から8段階まで調節できたので、まず1段階レベルで、休憩を入れながらがんばりました。そしてその後、徐々にレベルを上げて、最終的には負荷をマックスレベルにして、80分ぐらいかければ、700キロカロリーの目標値をクリアできるようになりました。

エアロバイクのいいところは、「ながら運動」できることです。ボクはスマホでHuluの映画やドラマを見ながらやっていました。

繰り返しますが、とにかくできることを根気よく続けることが大切です。ボクは、ダイエット開始後、運動をまったくやらない日はありませんでした。これは自慢してもいいことです。我ながらよくやったと思います。

また、**一番の敵はケガです。運動できないことがモチベーションの低下にもつながります。そのための健康管理が何より大切だと思います。ちゃんと寝て、食べて、ケガをしない。それがダイエットの第一歩です。**

[STAGE]

III

ルイボス誕生

ユーチューバー「ルイボス」デビュー

２０１９年９月８日、ボクは「ルイボス」というハンドルネームで、次のようなプロフィール文をつけて、初めてツイッターとユーチューブに投稿しました。

１３７キロから始めたダイエット‼
１年で半分の体重になる事を達成‼
昔の自分が自分を見たとき　ダイエットがんばろう‼
と思える自分になれるようがんばります😊
YouTubeもやってます　もし良かったら見て下さい😊

この時点でボクの体重は、１３７キロまで落ちていました。

前述したように、最初は体重を１００キロ以下にするのを目標にしていましたが、がんばれば、１か月に５キロぐらいずつ落とせそうな気になっていました。

それなら、1年で137キロの体重を半分の68・5キロまで落とすことも夢ではないと思ったのです。

また、ユーチューブには、『約140キロ超デブ、ダイエットしようとする』というタイトルで、自宅マンションの屋上にマットを敷いて、ストレッチをしたり、腹筋や背筋をしている動画をアップしました。

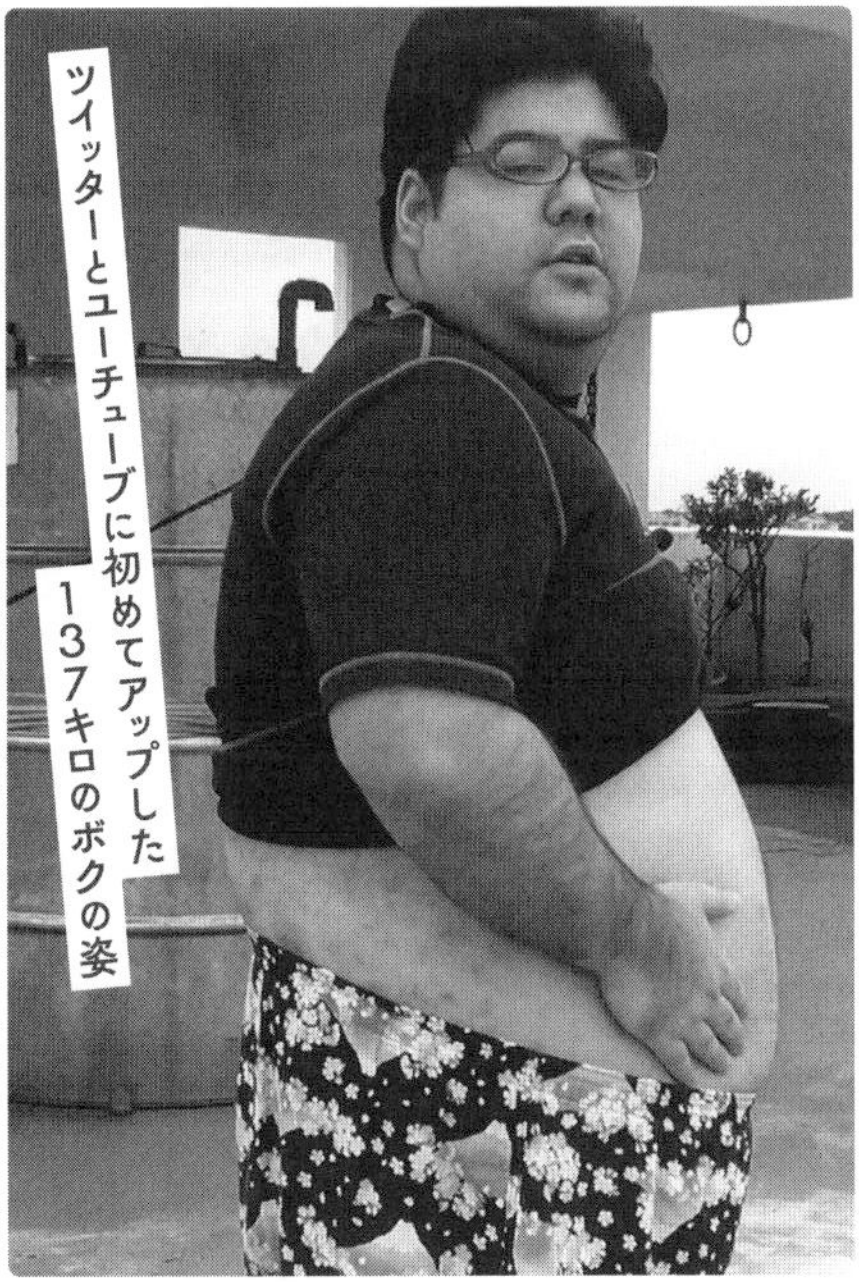

ツイッターとユーチューブに初めてアップした137キロのボクの姿

そのときのボクの体重は137キロでしたが、体脂肪率は42・7パーセント、腹回りは145・6センチでした。それも公表しましたし、体重計に乗って、計測するシーンも写真もアップしました。**「こんな俺が減量に挑戦するんだぞ」**という覚悟を示すためでした。

ちなみにルイボスというハン

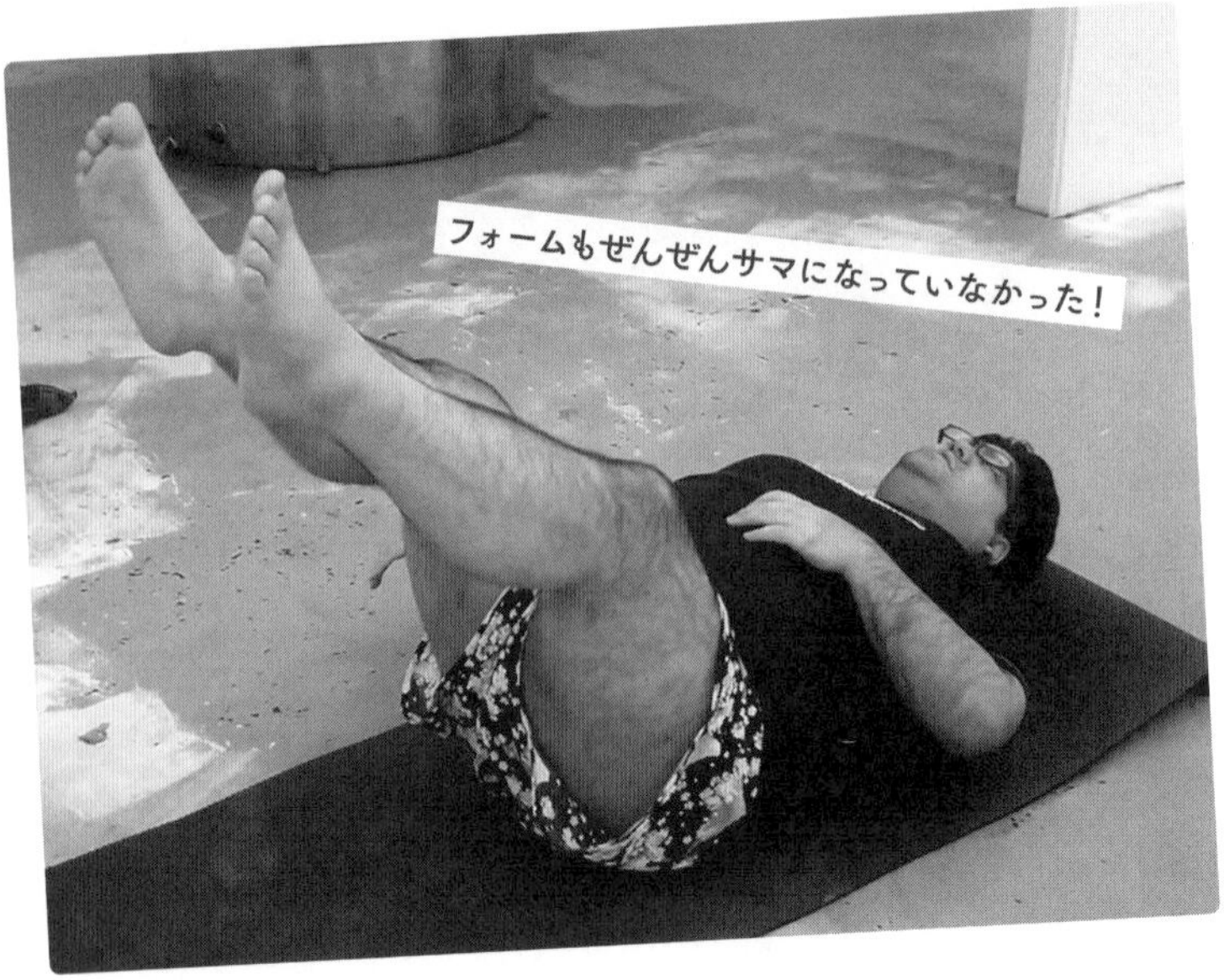
フォームもぜんぜんサマになっていなかった！

ドルネームは、愛飲していた「ルイボスティー」から取りました。

ルイボスティーは、南アフリカのセダルバーグ山脈で採れる「ルイボス」というマメ科の植物からつくられるノンカフェインのお茶で、ポリフェノールやミネラルなどを多く含んでおり、健康にいいと言われていますし、なかなかおいしくて、ボク自身、気に入っていたのです。

それはさておき、当時のボクは、腹筋にしても、背筋にしても、きれいなフォームではできなくて、自分ができる範囲で20回やるのが精いっぱいでした。

特に、背筋をしようとすると、腹が邪魔し

て呼吸困難で死にそうになるほどでした。

そんなボクが1年で140キロ近くあった体重を半減させるというのは、途方もない目標だったと言えるでしょう。

でも、そのいっぽうで、わずかながら体重も減り始めていましたから、「なんとかなりそうだ」という手応えも感じていました。

今にしてみれば、自分を追い込むためとはいえ、あまりにも無謀で危険な宣言だったと言わざるを得ないでしょう。

その後、ボクのユーチューブを見て、「ルイボスさんを目指して、自分も体重を半分にします！」と言ってくれる人も出てきて、「がんばってください」と気楽に応えていましたが、今なら、絶対にそうは言いません。

「そんな無理はしないで！　ちょっとずつ、目の前のほんとうに手が届きそうな目標値を挙げて、それをクリアしていくほうがいいですし、それが重要ですよ」とアドバイスするところです。

いきなり体重を半分にするなんて、やっぱり無茶だし、どう考えても、健康のためにはよくありません。決してそんな無理は、してはいけないと思います。

それにしても、なぜボクが自分のダイエットをツイッターやユーチューブで公開しようと思ったのか……。

そもそも、みんなにダイエット宣言することで自分が絶対に後戻りできないようにすることが第一だったことは前述しました。それに加えて改めて考えてみると、ボクがツイッターやユーチューブに自分の決意を公開しようと思い、すぐに実行できたのは、もともとユーチューブにゲーム実況の動画を上げた経験があり、オンラインの世界に慣れ親しんでいたからかもしれません。

ボクにとって、ツイッターやユーチューブにアップすることは、自分の体を表に出すこと以外は、別に特別なことではなかったのです。

親しんでいたオンラインの世界

ボクは中学生の頃から、オンラインのFPSゲームをやっていました。FPSゲームというのは、ネット上のゲーム世界を移動しながら、武器や素手などを用いて戦うゲームのことです。

オンラインの世界は、ボクにとって、誰とでも仲間になれる大切な世界でした。そこでは、仲間になるのに、男だろうと女だろうと関係ないし、年齢だって関係ありません。まして、太っていようが痩せていようが、そんなことを気にする人なんてまったくいませんし、お互いの顔だって、みんな写真で見たことがあるかないかです。それでもコミュニティーが成立するのです。

ボクは、そんなFPSゲームの世界で、自分から呼びかけて仲間を集めてチームをつくり、その仲間たちと話し合いながら、ゲームを楽しんでいました。

中学生の頃まで、太っていることでイジられて、イヤな思いをすることがあったボクにとって、そんな世界は実に居心地のいい世界だったし、ほんとうに貴重な場だったと言えるでしょう。

よくオンラインの世界は架空の世界だと言われますが、ボクにとっては、そこでは太っていることをイジられることもないし、自由に振舞える、ある意味でリアルな世界だったのです。

でもボクは、専門学校時代に皮膚移植を受けることになったとき、仲間に何ひとつ告げることなく、みんなの前から姿を消しました。高校時代の友人たちとの関係を一切断ったのと同じ理由でした。

たとえオンラインの世界でも、誰ともつながりたくなくなったのです。それだけ心を病んでいたと言えるし、ボクにとって、オンラインの世界もそれだけ現実的なものだったということなのかもしれません。

まだまだ広がっていなかったユーチューブの世界

ボクがユーチューブを始めた当時、ツイッターはそれなりに普及していましたが、ユーチューブはまだまだ広まっていませんでした。

今でこそ、多くの芸能人や著名人がユーチューブで情報を発信していますし、お金を稼ぐためにユーチューバーとなっている人もいます。小学生のなりたい職業を聞いたら、1位にユーチューバーが上がってくるとも聞いています。

でも、ボクが始めた当時は、ユーチューブをやっている人なんてそんなにいなかったし、芸能人でやっている人は皆無だったと思います。また、今や、テレビの映像関係に携わっているようなプロの方も参入してきて、動画の見せ方やつくり込みも高度になっていますが、当時は、それこそ素人が見よう見まねでつくったものが中心でした。

そんな状況でしたから、ボクは、ユーチューブを通じてダイエット宣言することにためらいはありませんでしたし、ユーチューブでお金を稼ごうという気持ちもまったくありませんでした。とにかく、ツイッターやユーチューブを通じて〝本気の覚悟〟を示そうと思っただけだったのです。

ちなみに、ボクのユーチューブを見てくれる人が少しずつ増えてきたとき、かつてのFPSゲーム仲間の何人かから、「痩せた?」と連絡がありました。

ボクがなんにも知らせないまま、勝手に関係を断ったにもかかわらず、そしてまた、ボクがルイボスという名でユーチューブを始めたことを知らなかったにもかかわらず、「声でわかったよ」と……。

そのうちのひとりとは、最近になって東京で実際に会いました。彼は今、プロゲーマーたちのコンサルティングを仕事にしているとのことでした。

実際に会ったのは初めてでした。ボクより年下でしたが、ボクが勝手に関係を断ったことを少しも責めることなく、「これからもがんばってください」と言ってくれました。

世の中には、「ネット社会が人間関係を壊す」なんていう批判もあります。

確かに今、ネットがらみの事件が起きたり、ネット社会でのいじめの問題が出てきたり、といろいろ問題があると思います。

でも、ダークな面ばかりではありません。**新たな人間関係を生み出すツールとして活用できる面も多いと思いますし、それをうまく使いこなしていくことが大切だと思います。**

ところで、ダイエットすることを宣言したものの、ダイエットの過程を動画で公表することに、別の意味で躊躇があったことは間違いありません。

どれだけ痩せたかを見てもらうためには、まず太っている自分の姿をみんなの前にさらさなければなりません。

とはいえ、太っていた頃の自分の姿はひどいものでした。とてもじゃないけど、積極的に公表したいシロモノではありませんし、それを見てくれる人がどれだけいるのか大いに疑問でした。それでもボクは、あえて自分のダイエットのプロセスを包み隠さず公表することにしたのです。生きるか死ぬかの瀬戸際にいたボクには、それが絶対に必要なことに思えたのです。

ボクがユーチューバーになってかなえたかった夢

そもそもボクが痩せようと思ったのは、生きるか死ぬかの瀬戸際に立ったからであることは前述したとおりです。でも実際にダイエットして痩せるのはたいへんです。どんな人でも、あまりのつらさに挫折しそうになるでしょう。

まして、ボクは、これまですべてが三日坊主に終わっていた根性なしです。ほんとうに痩せられるのかどうか、自信はありませんでした。

そこで、自分の目標を世間に公表し、ダイエットのプロセスを包み隠さず公開することで、自分自身が後戻りできない状況をつくろうと考えたのです。

「言ったからにはやらなきゃいけない。達成できなきゃ腹切りだ！」ということです。

また実は、それ以上に大きな夢をいだいていました。

ボクには「ツイッターで発信したり、ユーチューブに動画を上げることで、友だちを増やしたい」と思っていたのです。

自分が１４０キロ超だったときには、大型店舗やスーパーなど、人の多いところに行くと、「デブ、デブ」と言われたり、露骨に「何あのデブ、ヤバくない⁉」とか、「気持ち悪いな」などと言われたりしていたことも前述しました。

どんなに小さな声でも、そんな声はイヤでも耳に入ってきます。それどころか、わざと聞こえるように、ひどいことを口にする人もいます。

口にするだけではありません。中にはボクのことを見て、見てはならないモノを見たかのようにあわてて視線をそらす人や、わざとボクを避けていく人もいました。

ボクは、「見た目なんて気にしていなかった」と書きましたが、それは〝偽りの気持ち〟だったと思います。

そんなことを言われ続けているうちに、外に出るのがどんどんイヤになっていきましたし、散歩をするにも人目を避け、夜暗くなってからやっていました。どこか卑屈になっていたのです。

それでも「見た目なんて気にしない」と言い張っていましたが、それは、ボク自身が「デブ」「気持ち悪い」と言われることに慣れてしまって**「見た目なんか気にしない」と無理やり自分に言いきかせて、目の前のつらさから逃避しようとしていたからに過ぎなかったのかもしれません。**

そんな毎日を過ごしているうち、ボクはこう思いました。

「ユーチューブで有名になって、みんなと友だちになれれば、文句も言われないだろう。そうなれば自分も気軽にショッピングセンターに行けるし、海とかも気軽に行けるかもしれない。自分のことを全員が知って友だちになれれば、ボクに対する誹謗中傷もなくなるんじゃないか⁉」と——。

加えて、多少なりとも減量に成功した経験によって、**「こんなボクでも、実際にダイエットを成功することができれば、同じように肥満で悩んで痩せたいと思っている人の、励みや救いになるんじゃないか」**という思いもありました。

なぜ、そんなことを考えたのか……。それはボクが過去にいじめられた体験があったからでした。

思い出した、いじめられた過去

ボクは小学生の頃、お金を巻き上げられたり、殴られたり、蹴られたりして、いじめられていました。いったい何がきっかけだったのか思い出せませんが、いじめは突然始まりました。それも毎日毎日、続きました。

最初はがまんしていました。いじめられていることを打ち明ける勇気がなかったのです。でもとうとう耐えられなくなり、親に相談しました。そのとき親は、「無理して学校に行かなくてもいい」と言ってくれました。

また当時、小学校では生徒全員が、日記を書いて毎日、先生に提出していましたが、その日記にボクは「毎日、○○君にいじめられています。もう学校に行けないです」と書いて提出しました。

そうしたら、先生がその生徒を呼び出して、ボクが見ている前で、そいつをボコボコにしてくれたんです。

女の先生でした(もうそんな先生はいないでしょうね。今そんなことをしたら、問題教師と言われてしまいますから……)。

でも効果はありました。先生にボコボコにされたいじめっ子は泣いていましたが、それ以来、ボクに対するいじめはパッタリとなくなりました。

きっと反省してくれたのだと思います。そしてボクの小学校生活は平穏になり、それ以降、友だちと仲良く過ごすことができました。

昨今のいじめはずいぶん陰湿になっていると聞いていますが、ボクの場合は運がよかったのかもしれません。

ほんのちょっと勇気を出して、いじめられている事実を先生や親に伝えたことで、つらい日々から救われたのです。

そんな体験があったからこそ、「ユーチューブを使って、自分のことを知ってもらい、みんなと友だちになろう」とか、「こんなボクでも、ダイエットを成功することで同じように肥満で悩み、痩せたいと思っている人の励みや救いになるんじゃないか」なんて考えたのかもしれません。

繰り返しになりますが、実に子どもっぽい発想ですし、「甘い考えだ」と言われそうですが、ボクは純粋にそう思っていたのです。

つらいことがあったら、声を上げたっていい!!

そんなボクは、今、みんなに言いたいことがあります。

もしいじめられている人がいるとしたら、絶対にひとりで悩まないことです!

まず、周囲の人に「助けて！」と声を上げましょうよ。それでも誰も助けてくれなければ、学校に行かなければいいんです。

無理して学校に行く必要なんてありません。

そしてまた、いじめはほんとうにつらいことですが、**自殺だけは絶対ダメ！**

そんなことをしても、いじめがなくなることはありませんし、自分に向かっていたいじめが、めぐりめぐって別の誰かに向けられるだけで、自分のつらさをほかの人になすりつけることになってしまいます。

さらに、いじめから逃れるために転校するという手段もあると思いますが、それは最終手段です。

今はネットの時代ですから、誰も助けてくれなければ、ネットで毎日、「□□学校の△△が私をいじめています」と、実名で発信すればいいんです。

報復されるのが怖いかもしれませんが、恐れてはいけません。自分がいじめられていることを堂々と公表するのです。そうして声を上げれば、相手は周囲から批判されて、いじめどころではなくなります。自分がいじめられていたことが周囲に知られることになって、ちょっとつらいかもしれません。

でも死ぬよりはマシ！　勇気さえ出せば、それでいじめをなくすことができますよ。

さて、最初のユーチューブに続けて、ボクは『140キロ超デブ日記　プランクに挑戦してみたけど酷かった』というタイトルの動画もアップしました。

内容は、ボクが必死になって「プランク運動」をしている姿でした。

プランクに挑戦してみたけど酷かった

体を鍛える運動といえば、多くの人は、まず腕立て伏せを思い浮かべるでしょう。でもボクの場合、それすらまともにできませんでした。

ふつうの腕立て伏せだと、腰に大きな負担がかかってしまうのです。そこで、腰にかかる負担が少ないプランクから始めることにしました。

プランクとは、うつ伏せになった状態で前腕と肘、そしてつま先を地面に付き、その姿勢をキープするシンプルなエクササイズです。

教科書は、ネットで検索して見つけた「プランクワークアウト」の初級者用アプリでしたが、メニューは次のとおりでした。

プランクワークアウトのメニュー

①～⑥の各運動をそれぞれ20秒。

WORK OUT 1

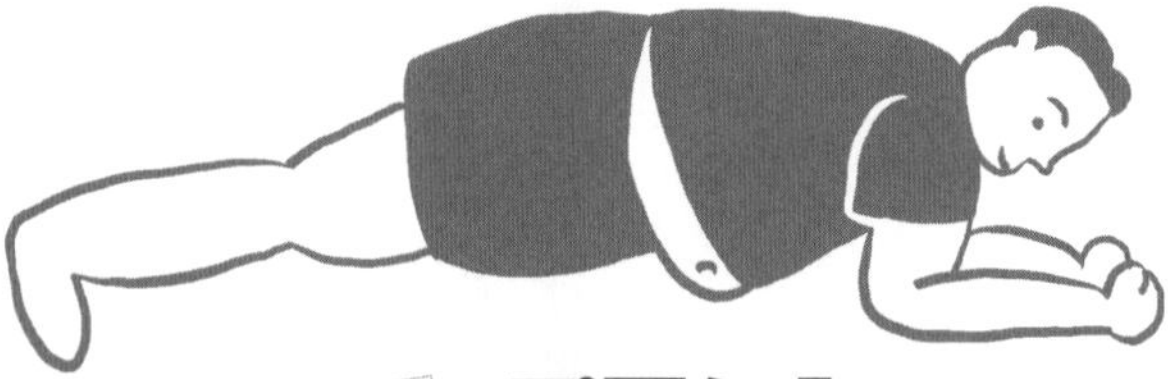

プランク

20秒

WORK OUT 2

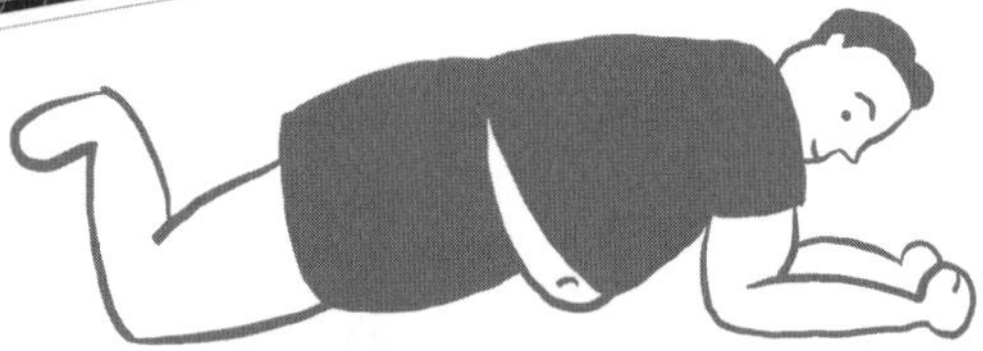

膝付きプランク

20秒

WORK OUT 3

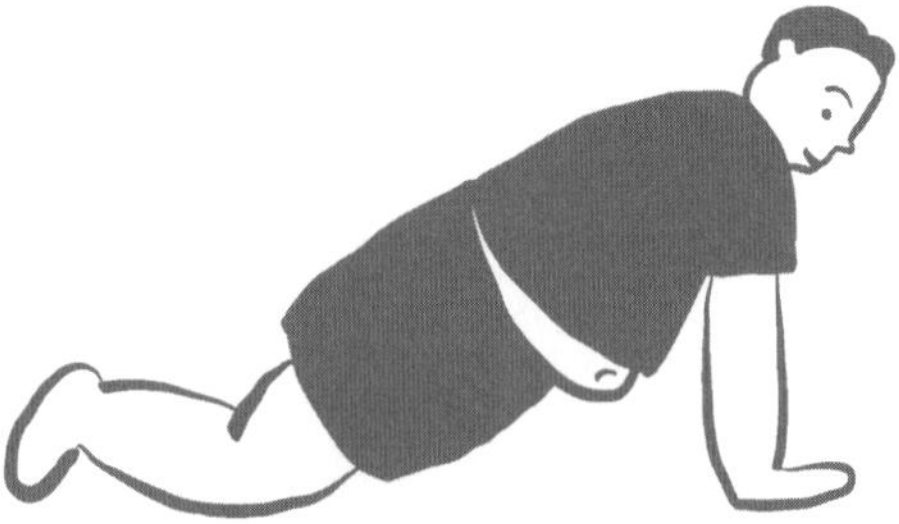

20秒

ストレートアーム膝付きプランク

WORK OUT 4

ニーリングサイドプランク（左）

20秒

WORK OUT 5

ニーリングサイドプランク（右）

20秒

WORK OUT 6

20秒

コブラストレッチ

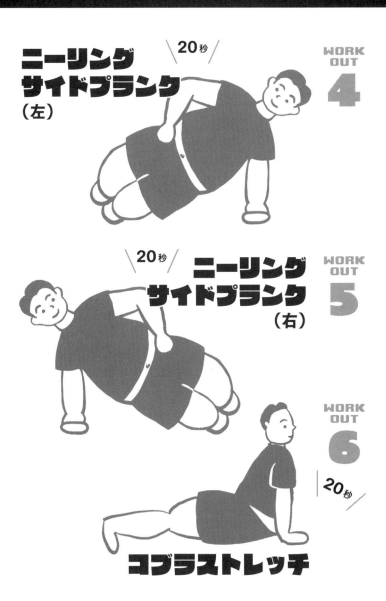

アプリを見ながら必死にやってみました。

でも、どの運動もまともにできませんでした。

自分では、アプリの指示どおりの動きをしているつもりでしたが、今見返してみると、140キロ近い男が、マットの上をただのたうちまわっているようにしか見えません。

それでもボクは必死でした。ワンセットを終えたときには、もう息も絶えだえだし、汗が顔面を滝のように流れました。

それにもかかわらず、カロリー消費量はたったの94キロカロリー！

実際に効果が表れて痩せるまでには、途方もない努力が必要であることを覚悟せざるを得ませんでした。

また、この日は、さらに基本のプランクを限界まで挑戦しました。それも50秒ほどしか続けられませんでした。それが〝ボクの現実〟だったのです。

見た人の多くは、「こいつ、プランクもろくにできないくせに、ほんとにダイエットを続けられるのか？」と思ったことでしょう。

それでもボクは、「これを30日間続ける」と宣言したのです。

なんとも無謀な宣言だったと思いますが、ボクにしてみれば、まさに生きるか死ぬかという問題でしたから、真剣そのものでした。

こうして始めた「ルイボスチャンネル」でしたが、最初のうちは当然のごとく見てくれる人などほとんどいませんでしたし、「いいねマーク」もつきませんでした。

それでも懲りずに、ボクはツイッターとユーチューブに、ダイエットの記録を上げ続けました。

それは、なにより自分自身のためでした。そうすることで、折れそうになる自分を叱咤激励し続けたのです。

筋トレ開始

2019年9月頃から、ボクは本格的に筋トレにも取り組み始めました。

アームカール、ベンチプレス、スクワットなどの筋トレ向きの運動を、インターネットで調べ、見よう見まねで始めたのです。

そんな運動なんて、まったくやったことがありませんでしたから、最初のうちは、何ひとつ、まともにこなすことはできませんでした。

たとえば、フロントレイズ（ダンベルを使った運動）に挑戦しましたが、プレート1枚を、両手でやっと持ち上げられるレベルでした。ちょっと鍛えたら、女の子でも簡単にできる運動でしょう。それすらまともにできなかったのです。

それでもボクはあきらめませんでした。

「ふつうの人として生きられる体をつくるためには、避けて通れないプロセスだ」と自分に言い聞かせました。でもやった甲斐はありました。

1日単位ではそれほど実感できませんでしたが、毎日続けているうちに、だんだんサマになってきましたし、回数もこなせるようになっていったのです。

まさに**「継続こそ力なりだ！」**と実感しました。

また、少しずつ筋力がついてくるにつれて、自分にできることが増えていきました。

まず疲れにくくなりました、息切れしてのぼるのもたいへんだった階段が、一気にのぼれるようになりました。そのとき、気づきました。

「ああ、太っていたときには、階段はのぼると息切れするのがふつうだと思っていたけど、あれって太っていたからだ！」と——。

また、腹が邪魔して、自分では切れなかった足の爪が切れるようになったときには、感激しました。ふつうの人にはなかなか理解してもらえないかもしれませんが、超太っているとは、そういうことなんです。

そして、そういうふうに、ふつうの人ならなんでもないことができるようになるにつれて、ボクのモチベーションも急上昇し、ジムに通うのも、自宅でトレーニングするのも、どんどん楽しくなっていきました。

アームカールもベンチプレスも、少しはサマになってきましたし、最初は1回やるのが精いっぱいでしたが、こなせる回数も徐々に増えていきました。

そのときの経過も、ユーチューブにアップしました（次ページ写真）。

写真ではよくわからないかもしれませんが、9月15日にはダンベルを1回上げるのにも苦労していましたが、10月27日には余裕で4回、5回とこなせるようになり、確かな手応えを感じるようになりました。

また、それとともに、ボクの中で、痩せたいという気持ちより、「キックボクシングがうまくなって、強い男になりたい」という気持ちがわき上がってきました。真剣な殴り合いをしたくなったのです。

2019年9月～11月

確実に筋トレの効果が表れてきた！

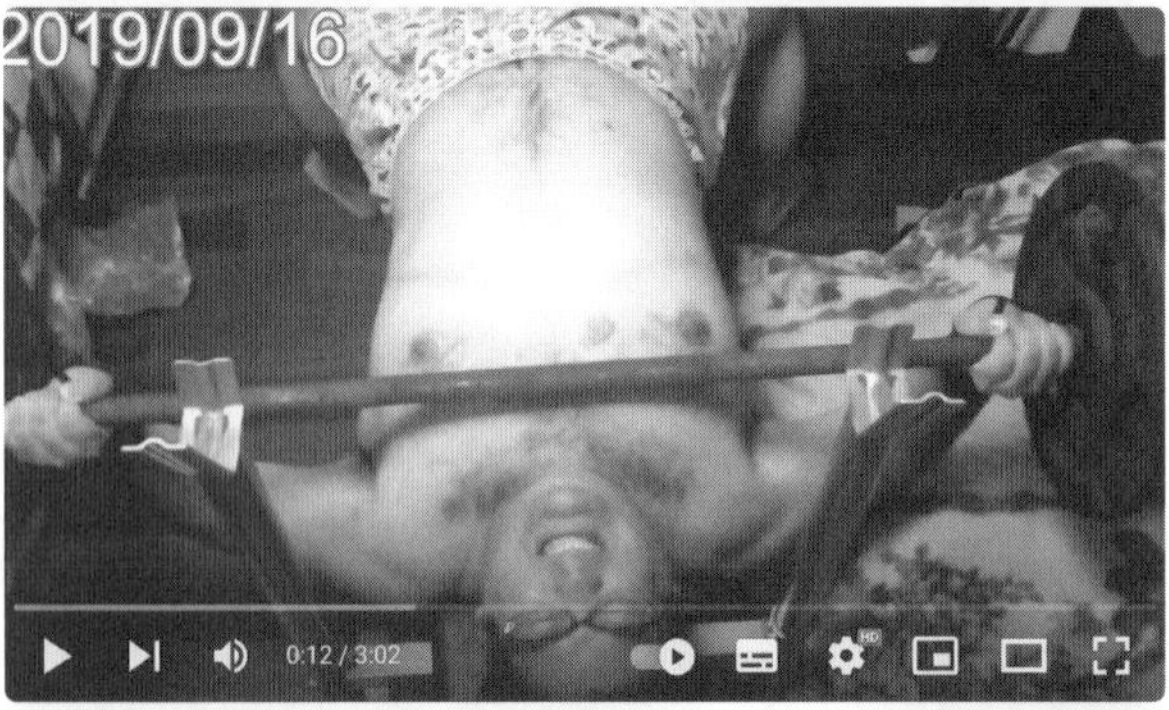

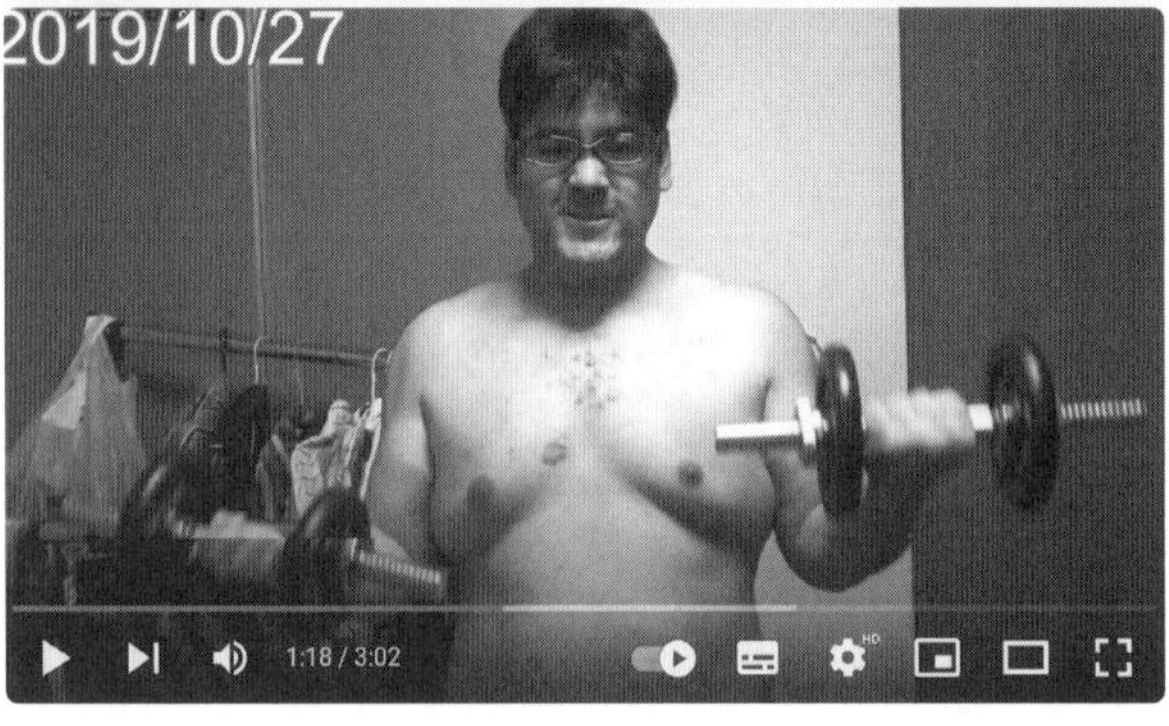

リングにも立った

ボクは、キックボクシングを始めるまで、殴り合いなんてやったことはありませんでした。ところが、ジムに通って、少しずつ動けるようになるにつれ、リングに上がって、真剣に殴り合いをしたいと思うようになったのです。

リングに上がれば、相手は本気でパンチを出してきます。手を抜くようなことはありません。もちろん、パンチが当たると痛い……。でもボクは、その痛みすら、ボクに自信を与えてくれるような気がしたのです。

ボクはそれまでずっと、心のどこかに、「人間として認められていない」という劣等感をかかえて生きていました。でもボクには、リングに上がって真剣な殴り合いを許されることが、まるで **〝ひとりの人間として認められていることの証〟** のように思えたのです。

そして11月10日、ボクはリングに立って試合することを許されました。相手の人は、真剣にボクに向かってきてくれました。

殴られれば殴られるほど、相手が真剣になっているのがわかりましたし、ボク自身も真

2019年11月10日、リングに立って戦った（写真右がボク）。ボコボコに殴られて完全敗北だったけど、めちゃくちゃ楽しかったし、うれしかった！

剣になれました。それがうれしかったし、とても楽しいことでした。

「ボクは、ひとりの人間としてちゃんと生きているんだ」と思えました。

3ラウンドを戦った結果、判定は3対0の完敗でした。

でも、ボクは大満足でした。KOされることもなく、耐え抜いたのですから。また、ボクと真剣に向き合ってくれた相手の人にも、心から感謝しました。

あのときの清々しい気持ちは、今も心の中に強く残っています。

まさかの疲労骨折

キックボクシングジムのマットは弾力性があって足への負担も少なく、いい感じでした。それだけに、ジムに行くのが楽しくて仕方ありませんでした。ある意味、新しい趣味を見つけた子どものような感覚でした。

でも、体重130キロ近い体重に体が悲鳴を上げました。ジムに通うようになって3か月ほどしたときに、足を疲労骨折してしまったのです。

その日は、いつものように昼のコースをこなしたあと、初めて夜のコースでもトレーニングすることにしました。内心、昼のトレーニングの疲れもあり、行こうか行くまいか迷いました。不安を感じる自分がいたのです。

案の定、無理がたたったのか、左足を思い切りひねって、ボキッと音がしました。そのときは、アドレナリンが出ていてなんとか大丈夫でしたが、次の朝、ボクの左足は大きく腫れ上がり、激痛が走りました。

なんとか病院に行って診てもらうと、骨折していました。ギプスを巻くことになり、医者からは「2か月は何もするな」と言われました。

それでもボクは、「せっかく始めたキックボクシングをやめるのだけは絶対にイヤだ」と思いました。

ジムに入るとき、ボクは「週3回は絶対ジムに行く」と決めていました。それをくずしてしまうと、もうダイエットを続けるだけの気力が残っていないように感じたからです。**挫折してしまう自分が怖かった**と言ってもいいでしょう。

それに加えて、せっかく規格外のボクを受け入れ、一からキックボクシングを教えてくれているジムの人たちに、「足を骨折しました。足が使えないんです」と言うのがひどく申し訳ないような気持ちになりました。

でも足の痛みはひどく、ギプスは外せません。もうどうしようもないと思ったボクは、ギプス姿でジムに行き、こう言いました。

「休みたくないので来ました」と——。

すると、ジムのキャプテンがこう言ってくれたのです。

「足が使えないんだったら、座ることはできるか？」

ボクは「できます!!」と即答しました。

キックボクシングジムにギプスをした人間が来たら、ふつうだったら「帰れ」と言われるところでしょう。ボクもそう言われることを覚悟していました。

ところがキャプテンは、「足が使えないんだったら、座ってやれることをやろう」と言って、マットの上に椅子を置き、座ってサンドバッグをパンチさせてくれたのです。

「あ、足をケガしても、やらせてくれるんだ」

それがとってもうれしかった！

ジムにギプスを巻いたデブがいたら邪魔だし、事故につながる可能性もあります。ボクがキャプテンの立場だったら、何かあったら困るから、「帰って休め」と言ったと思います。にもかかわらず、ボクを受け入れてくれたのです。

あのとき、「帰れ！」と言われていたら、ボクはもう、その段階で打ちのめされていたでしょう。ダイエットすることもあきらめて、また引きこもってしまっていたでしょう。今のボクはなかったに違いありません。

こうしてジムに受け入れてもらったボクは、足に負担のかからないようなトレーニングから始め、エアロバイクも再開しました。そして徐々に、立ってのトレーニングも再開しました（ただし、キックはなし）。

ところが、世の中、なかなか思いどおりにはならないものです。再び、左足に痛みが走るようになってしまいます。

当初は、「そのうちよくなるだろう」と思い、週3日のジム通いを続けていました。ボクにとって、ジム通いは、まさに生きがいになっていたのです。

でも、症状はどんどん悪くなり、軟らかいマットの上に立っているだけで激痛が走るようになり、やがて痛みで歩けなくなってしまいました。病院で診てもらうと、今度は「アキレス腱炎」と診断されました。

骨折がなおりきっていなかったのに加え、無意識のうちに左足をかばっていたため、無理が重なったのでしょう。「チクショー！」と天を恨みたくなりました。

キックボクシング断念！

ボクは、自分が決して強い人間ではないこと、心が弱いことを、十分すぎるほど自覚していました。だから「ここでやめたら挫折して、もう二度とダイエットに挑戦することはないだろう」と思っていました。それにもかかわらず、キックボクシングどころではない状態になってしまったのです。

しかし、考えてみれば、そもそもボクには基本的な知識が不足していました。本来なら、まず根本的に体をつくり直す必要があったのに、無理を重ねたためにケガが多くなり、とうとう足を疲労骨折したり、アキレス腱炎になったりしてしまったのです。

ここで念を押しておきたいことがあります。

キックボクシングは、多くの人にとって、とてもいい運動です。スリムになったり、健康な体を維持したりするために、効果は大です。

ただ、ボクの場合、あまりにも体重の負担が大きかったし、結果を急いで無理をしすぎたのです。そのことはしっかり伝えておきたいと思います。

実際、ぼくはキックボクシングをすることで体重は落ち、筋力もついて、痩せることの楽しさやうれしさ、そしてエネルギー代謝のメカニズムを含め、筋肉の大切さを学ぶことができました。

そして、キックボクシングを断念したあと、ボクは、本格的な食事の見直しと、自宅でのトレーニングで肉体改造に取り組む道を選んだのです。

「根本的に体をつくり直す」という新たな目標

その頃のボクは、服さえ脱がなければ〝中デブ〟に見えるレベルまで痩せていました。でも、服を脱いだら、まだまだとんでもないデブでした。そこでボクは思いました。「このままじゃダメだ。もっと根本的に体をつくり直さなければいけない！」と——。

そもそも、自分にとってダイエットとはなんなのか？

よくよく考えてみれば、健康になるためです。でもやみくもに食べる量を減らして体重を落としても、ケガをしたり、健康を害したりしては意味がありません。

さらに言えば、痩せるために腹三分、腹四分に食事を制限して、つらい日々を過ごしているのは、ちっとも幸せなことではありません。人間、ご飯を食べられないというのは、地獄です。誰でもおいしいものを腹八分は食べたいですよね。

そういう意味では、**ボクにとっての理想は「食べたいだけ食べても太らない」という体をつくり上げることであり、そのためにはいい筋肉をつける必要がある**と思いました。いい筋肉がつけば、エネルギーの代謝がよくなり、ある程度の量なら食べられるようになるはずです。

ちなみに、それまでボクは、ダイエットに挑戦していることや、キックボクシングをやっていることを、ツイッターやユーチューブで発信はしていましたが、家族を含め、周囲の親しい人には一切秘密にしていました。

それは、以前、何度かダイエットに挑戦したものの、失敗した経験があったからでした。「またかよ」と思われるのがイヤだったし、「みんなが気づかないうちに痩せてやろう」と思っていたのです。でも、それを変える時期がやってきたのです。

ルイボス、人目のある外で鉄棒に挑戦！

徐々に痩せてくるに従い、「あれ？　なんか痩せた？」と言われることも増えてきましたが、かたくなに秘密にしていました。「いや、痩せていないよ」と——。

そうしたら、今度はボクが病気だという噂が広まってしまいました。さすがに「それはまずい」と思って、親しい人にはダイエットしていることを打ち明けました。

また、そのいっぽうで、ボクは家の外にも出るようになりました。

それまでのボクは、キックボクシングジム以外、自宅のある建物の屋上や部屋の中でも、ストレッチ運動や腹筋運動、腕立て伏せなどをやっていました。でも、そうした場はあくまで人目につかない、ある意味で閉ざされた空間でした。

なぜか……。理由は簡単です。第一の理由は、人目につくのがイヤだったから……。ボクにとってキックボクシングジムは例外であり、サンクチュアリ(聖域)だったのです。

最初のうちは、ストレッチをしようにも、出っぱった腹が邪魔してうまくできませんでした。腹筋・腕立ては10回も続けられないし、背筋しようとうつ伏せになると、体の重みで呼吸ができず、窒息しそうになる始末でした。また、ダンベルを上げたりもしましたが、

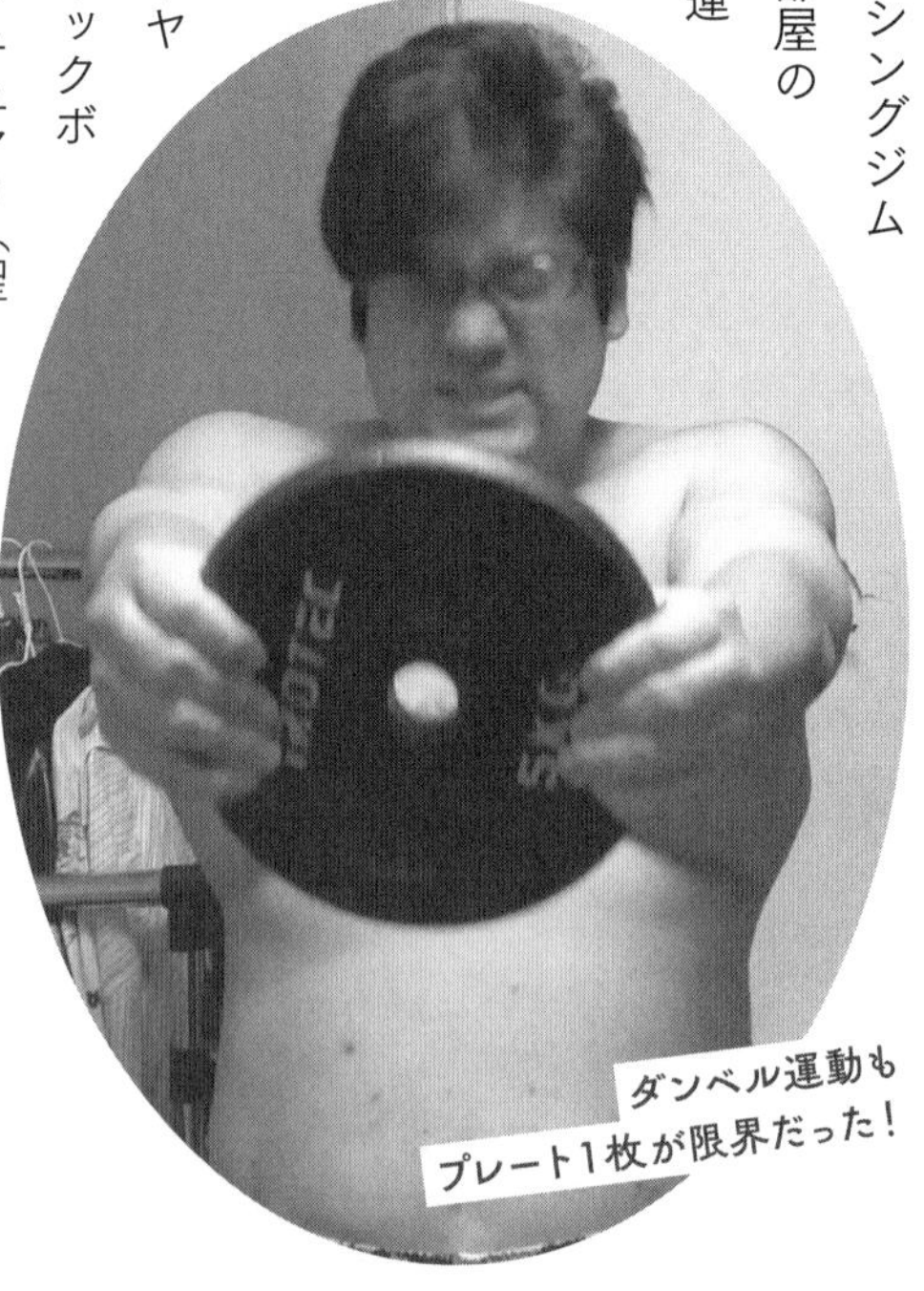

ダンベル運動も
プレート1枚が限界だった！

プレート1枚上げるのがやっとでした。プレート1枚なら、少し鍛えた女性が平気で上げ下げできるレベルです。でもボクは、情けないことに、それすらまともにこなすことができなかったのです。

でも体重が100キロになった頃から、人目のある昼間に家を出て、近くの公園で鉄棒などにも挑戦するようになりました。

最初は懸垂1回もできませんでした。もし見ている人がいたら、きっと笑っていたでしょう。でもボクは、**「笑われたっていいんだ」**と思いました。これはボクにとって、間違いなくひとつの節目だったかもしれません。**それまで人目を気にして、なかなか閉じられた空間から出られなかったボクが、やっと外に飛**

び出したのです。ボクにとっては大きな一歩だったと思います。

脱毛クリームで上半身脱毛してみた!

2019年10月には、ボクはアマゾンで購入した脱毛クリームで上半身の脱毛に挑戦してみました。

そもそも沖縄の男は毛深い人も多いので、ボク自身、体毛なんて気にしたこともなかったし、「見た目なんて全然気にしない」と思っていました。

でも、ルイボスチャンネルを見た人から、「脱毛したほうがいいんじゃない?」という投稿がありました。

投稿の中には「やらないほうがいい」と言う人もいましたが、ボク自身、「すべすべになったほうがきれいかもしれないじゃないか」と思いましたし、とりあえず、どんな感じか興味もあったので、やってみたのです。

ある意味、ボクの中で、きれいになりたいという、**それまでまったくなかった〝新しい感覚〟が芽生えてきた証だったのかもしれません。**

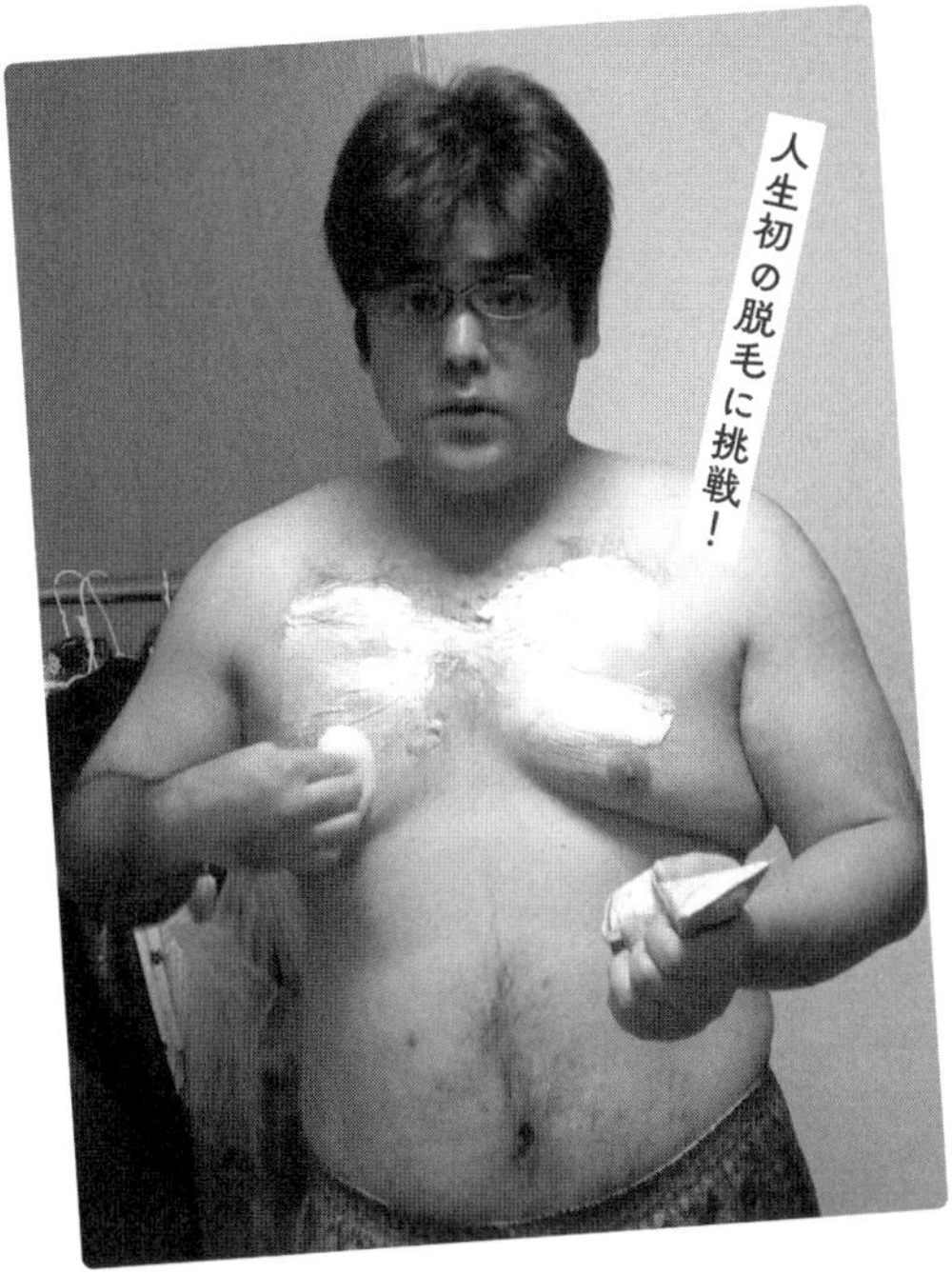

前向きにとらえるなら、ボクが進化したと言っていいかもしれません(笑)。脱毛クリームをチューブ1本分、上半身に塗りたくり、10分経過したあとにスポンジでこすってみました。すると、気持ち悪いぐらいに体毛が取れました。脱毛したボクの肌は別人の肌みたいでした。「こんなにすべすべになるのか」と、ちょっと興奮しました。

その3日後には、通販に注文していた鼻毛抜きの「GOSSO」が届きました。これは脱毛用のワックスで、スティックにつけて、鼻の中に入れ、ワックスが固まったところで一気にスティックを引き抜くことで鼻毛を抜くという製品です。

ただし、これはめちゃくちゃ痛かった!!

引き抜くときには鼻がちぎれるかと思うほどで、思わず「あ゛あ゛あ゛〜」と大きな声が出ました。

これに挑戦するには、かなりの覚悟が必要でしょう。もし、試してみようという人は、それを覚悟のうえでやることです。

でも効果は抜群！　鼻毛はなくなり、息もスーハーできるようになりました。

さらに年が明けた2020年1月には、脱毛クリームを使って、足の毛も取りました。

そう、ボクはいつの間にか、体型ばかりでなく、〝清潔感〟も重視する男に進化していたのです（笑）。

いっぽう、この頃、問題化しつつあることが出てきました。「皮余り」です。

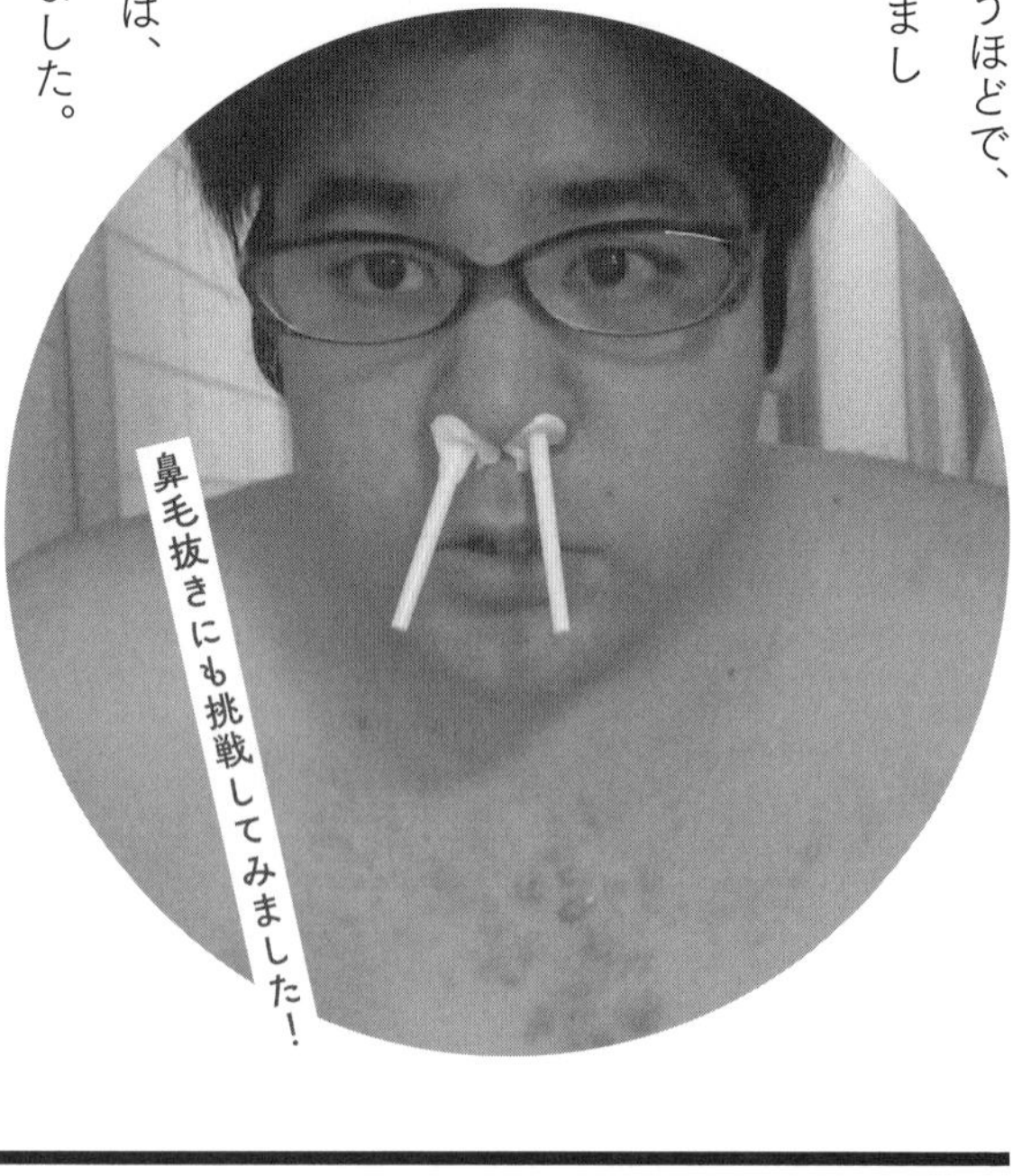

鼻毛抜きにも挑戦してみました！

問題発生──皮余り

たとえば、首の皮を引っ張ると、明らかに以前より伸びるようになっていました。ボクの場合、胸の脂肪が多かったせいか、特に胸に影響がありました。脇をつまむと、ビョーンと伸びるんです。

ダイエットがうまくいって、体重が落ちてきたのはいいのですが、太ってパンパンに張っていた皮膚は、脂肪が減ったからといって縮んではくれません。そのため皮が余ってだぶつき始めたのです。

最初、ボク自身、皮が余るかどうかなんてまったく気にしていませんでした。でも、ユーチューブを見た人から、「皮余りませんか?」という質問がたくさんくるようになりました。それだけ違和感を覚える人がいたということです。

さらにそのあとには、「皮が余っているなんて気持ち悪い」とか、「皮余るんだったらダイエットしない」なんていうコメントもくるようになりました。

だけどボクは、それほど気にせず、自分の信じている道を突き進もうと思いました。

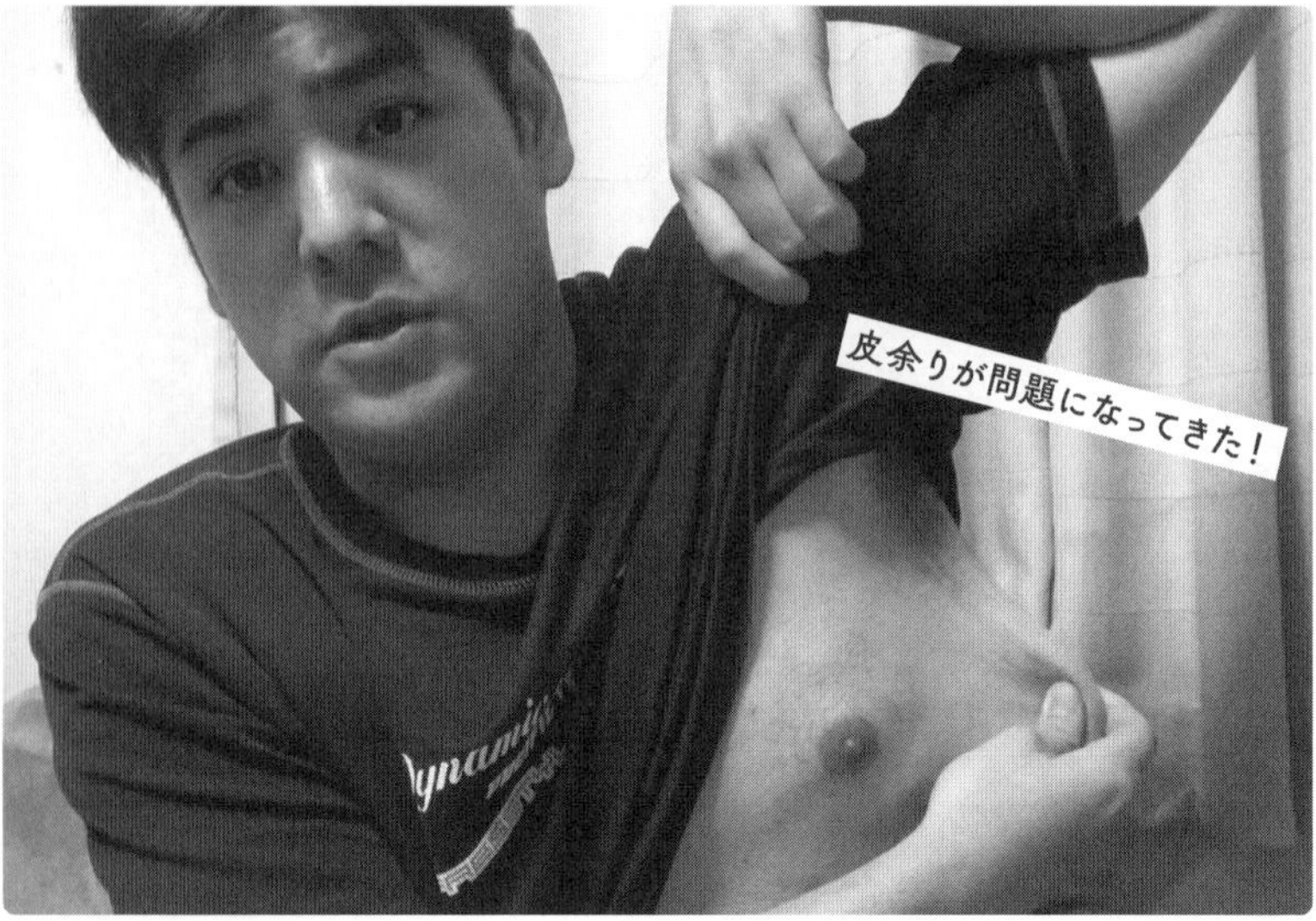

人がなんと言おうと、自分が思い描いている世界はまだまだ先にあったからです。

もともとボクは、いろんなところを手術して、その跡が残っていたので、きれいな体だったわけではありません。だから、なるべく人に見せないように隠していたし、自分の写真を撮るのもイヤでした。

そういう意味では、ボクにとって、皮が余ろうが余るまいがどうでもよかったし、めちゃくちゃかっこいい体になりたいとか、マッチョになりたいという気持ちもありませんでした。

むしろ、皮余りはそれだけダイエットに成功したという証拠であり、ボクにとっては、誇りとすべき〝勲章〟だと思っていました。

また、本心を言うと、「いずれ見てろよ！」

という気持ちもありました。

体を鍛えて筋肉をつけさえすれば、それにともなって皮余りも解消できるだろうと思ったのです。

そんなことより大きな問題だったのは、この時期、体重が減らなくなったことでした。食事の量も変わっていませんし、運動だって続けていました。

当然、これまでと同じように体重減少が続いていいはずです。それなのに、まったく体重が減らなくなったのです。いわゆる「停滞期」の襲来でした。

停滞期の襲来

停滞期に襲われたのは、2019年の年末のことでした。それから2020年1月上旬にかけて、ボクは痩せないどころか、逆に太るという状態に陥ってしまいました。

当時のボクは、1日3食、きちんと食べるようになっていましたが、1食の内容は、たとえば、マンナンごはん（140グラム）に、ステーキ（ヒレステーキ200グラム）、それに納豆（100グラム）でした。これで腹六分ぐらいになります。

ちなみに、カロリー計算上は、米のカロリーは150キロカロリー、ステーキは300キロカロリーぐらいですから、合わせて450キロカロリー。それに納豆が190キロカロリーぐらいですから、1日3食でおよそ1900キロカロリーになります。

当時のボクの基礎代謝量が1800キロカロリーちょっとでしたから、ややオーバー気味ですが、それにプラスアルファ運動することで痩せられる計算です。

実際、停滞期に突入するまでは着実に体重が落ちていましたから、その方法は決して間違っていなかったと思います。甘いモノだってまったく口にしていませんでした。

ところが、ある日突然、体重が落ちなくなったのです。食事を少し減らしても、まったく変わりません。

運動だって、1日20キロは走ったり、歩いたりしましたし、エアロバイクも1日3時間以上こいで2000キロカロリー以上は消費していました。それでもまったく痩せないどころか、200グラム、300グラムと増えていったのです。2019年12月15日には体重が88・6キロになりました。

いったいなぜなのか、ボクにとっては大きな謎でした。

それまでも、体重減が一時的に止まることはありました。でも2~3日もすれば、また痩せ始めていました。

また、たとえ体重が減らなくても、運動すると脂肪が燃えていることを実感していましたので、体重が変わらなくても「脂肪が燃えているな」と感じられたのです。

ところが、このときは痩せる気配がないどころか、逆に体重が増え、「脂肪が燃えている」という実感も消え失せていました。

いったいどうしてか……。調べてみると、ダイエットの最中に体重がピタッと減らなくなるのは、もともと人間の体に備わっている「ホメオスタシス（恒常性）機能」のせいだということでした。

ホメオスタシス機能とは、体を一定の状態に保とうとする仕組みのことで、たとえば、暑いときに汗をかいて体温を調節したり、寒いときに体温を上げるために体が震えたりするのも、この機能によるものだそうです。

それと同じように、ダイエットのために摂取カロリーが減ったり、体重が減ったりすると、体が飢餓状態だと判断し、体を守るためにホメオスタシス機能をはたらかせます。

つまり、それまでの太った状態を維持しようと、栄養の吸収を高めたり、消費カロリーを抑え、体重の減少を抑えようとしてしまう……。それがダイエットの最中に突然起きる停滞期の原因だというわけです。

体が勝手に飢餓状態を感じて、体重が減るどころか増えてしまうという状態になるなんて、最初は信じられませんでした。

だって、カロリーを摂らなければ、その分だけ痩せていくのが理屈じゃないですか!? まさに、「そんなバカな!」です。

でも、実際に停滞期を体験して感じました。

「自分の体が飢餓を感じて、ヤバいと思い、ビビり出している」と——。

そこで、インターネットで調べてみました。すると、「停滞期は必ず終わり、再び痩せ始める」と書かれていました。

ただし、「停滞期を抜けるのに週単位で済む人もいれば、数か月かかる人もいる」と書かれていました。「いずれは停滞期を乗り越え、再び痩せ始める」とわかって少しホッとしましたが、問題はいつ停滞期を抜け出せるかでした。

停滞期が長引くようなことになれば、みんなに宣言していた「1年で体重半減」の公約が果たせなくなりそうでした。まさに危機的状況でした。

231日ぶりのバナナ――チートデイの導入

この停滞期という危機を乗り越えるためにボクが導入したのは、「チートデイ」の導入でした。

チートデイとは、チート（cheat＝騙す・ごまかす）という言葉が語源で、体をうまく騙すことによってダイエットを成功させるために行う方法です。

特に、食べたいものをひたすら我慢している食事制限中に停滞期を迎え、なかなか体重が落ちなくなったときに実践する方法で、「1日だけ、食べたいものを好きなだけ食べる日」をつくって、ダイエット中のストレスを減らすのです。

停滞期に陥る前まで、ボクはカロリー計算をしたうえで、1日3食きちんと食べていました。

最初のうちは、ダイエットにとって糖質は大敵だと考えて、糖質を一切、摂らないようにしていました。でも、それでは健康にマイナスだと学んだあとは、米を食べることで糖質も多少摂るように心がけていました。

それでも、いわゆる〝甘いモノ〟は一切口にしていませんでした。甘いモノを食べることに罪悪感をいだいていたと言ってもいいでしょう。

しかし、停滞期にぶつかったボクは、それを解禁することにしたのです。あえて甘味を取り入れることで、自分の体に「飢餓状態じゃないよ。痩せても大丈夫だよ」と言い聞かせ、騙してしまおうという作戦です。

このチートデイを遂行するにあたって選んだのが、バナナとモモゼリーでした。

バナナ1本とモモゼリー1個を合わせても、300キロカロリーぐらいです。「仮に失敗して多少体重が増えても、取り戻せる」という判断でした。

バナナを口にしたのは231日ぶりでした。ほんとうにうまかった! **毎日、バナナを食べられる動物園のゴリラがうらやましくなりました。**

モモゼリーもバナナに劣らずうまかった! 自分の体が喜んでくれているのを感じました。

ボクの体は「あ、今、飢餓状態じゃないんだ」と叫んでいました。

そしてバナナとモモゼリーを食べたあと、ボクはいつものように、納豆、米、ステーキを食べました。こうして、自分の体に「痩せてもいいんだよ」と教えてあげたわけです。

231日ぶりのバナナ。
味は覚えていた！
愛犬のエイトにも
おすそ分けした

このチートデイの導入は見事に成功しました。2日後には体重が84・6キロとなり、3日後の朝には83・4キロになりました。ボクは、停滞期を抜け出すことに成功したのです。

それまで停滞期があるなんて知らなかったボクは、「ほんとうに体が飢餓を感じることがあるんだな」と実感しました。

ホメオスタシス機能は生命維持のために大切で、誰にでも備わっている機能なので、ダイエット中の停滞期は誰にでも起こる自然な反応だったのです。

この時期のボクは、戸惑ったり迷ったりしながらも、楽しみながらダイエットしていたと思います。いろいろ試してみるのがおもしろかったし、苦にもなりませんでした。

心がヘコむ辛辣なコメント

でも、正直言って、その頃までのボクは、まだまだ悪い意味でしか注目されていなかったと思います。

もちろん、「いいね」をつけてリツイートしてくれる人や、励ましのコメントをくれる人がほとんどでしたが、どちらかと言えば、「どうせ達成できないさ」とか、「リバウンドが怖いね」などというコメントも少なくなかったのです。

冷ややかというか、ボクがダイエットに失敗するのを待ちかまえるような人が多かったということです。

相手は、「どうせ誰が書いたコメントかなんてわからないのだから、どうでもいいや」と思って、辛辣なコメントをするのでしょう。そんな気持ちもわかりますが、ボクは心ないコメントを見るたびに、ひどく落ち込み、ヘコんでいました。まさにインターネットの暗黒面に落ちた気分でした。

ユーチューブに動画を上げるのは結構たいへんです。撮ってそのまま流せばいいというわけではありません。発信したい内容を自分なりにしっかり考え、それに合わせて撮影しなければなりません。

また、編集作業も必要です。どんなサムネールを入れるか考え、音を入れたり、テロップを入れたりする作業もありますから、たとえば12分の動画をつくるのに、10時間はたっぷりかかります。

見てくれる人がいる以上、できるだけいいものにしたいと思っていますが、ボクの場合はまだまだですし、集中力が続かなくて、1回でつくれるのは6分が限界です。それでもなんとかがんばっていられるのは、応援してくれる人がいるからです。

それだけがんばって上げた動画に対して、心ないコメントを見ると、たとえ10本中1本程度だったとしても、心にグサグサ突き刺さります。

正直言って、「もう、ユーチューブなんてやめて、ダイエットすることもあきらめてしまおうか」と思うことも何度かありました。

でも、そこでへこたれたら、ボクには何も残りません。

「生きるか死ぬかだ」という覚悟で始めたことなのに、ここで挫折してしまったら、いったいなんのために生きているのかわからなくなってしまいます。ボクにとって、「ルイボスであることをやめるのは、極端に言えば、人間をやめること」だったのです。

それにしても、世の中には、わざと反感を買うような発言をして、炎上することを狙う人もいますね。

そういう人に対しては、間違いなく、ものすごい数の批判や抗議の声が寄せられているはずです。それでもなお続けていられるのは、良し悪しは別にして、メンタルがよほど強いからでしょう。ボクにはとても真似できません。

[STAGE]

IV

訪れた大きな転機

継続こそ力なり！　目標68・5キロを達成

2020年4月16日、
ついに目標達成の報告ができた！

ルイボスチャンネルを始めて1年ほどたった頃、ボクに大きな転機が訪れました。

2020年4月16日のツイッターに投稿した記事が、ちょっとした話題になったのです。

それは「宣言どおり、68・5キロになるという目標を達成した」という、報告の記事と写真でした。

137キロから始めたダイエット

336日目！

昨日、1年以内に体重半分68・5キロ

達成しました！

2019年5月に137キロだった体重が、
9月には110キロ、12月には90キロに……。
そして、2020年ついに68.5キロを達成!!
100キロを切った頃から確かな手応えを感じていた

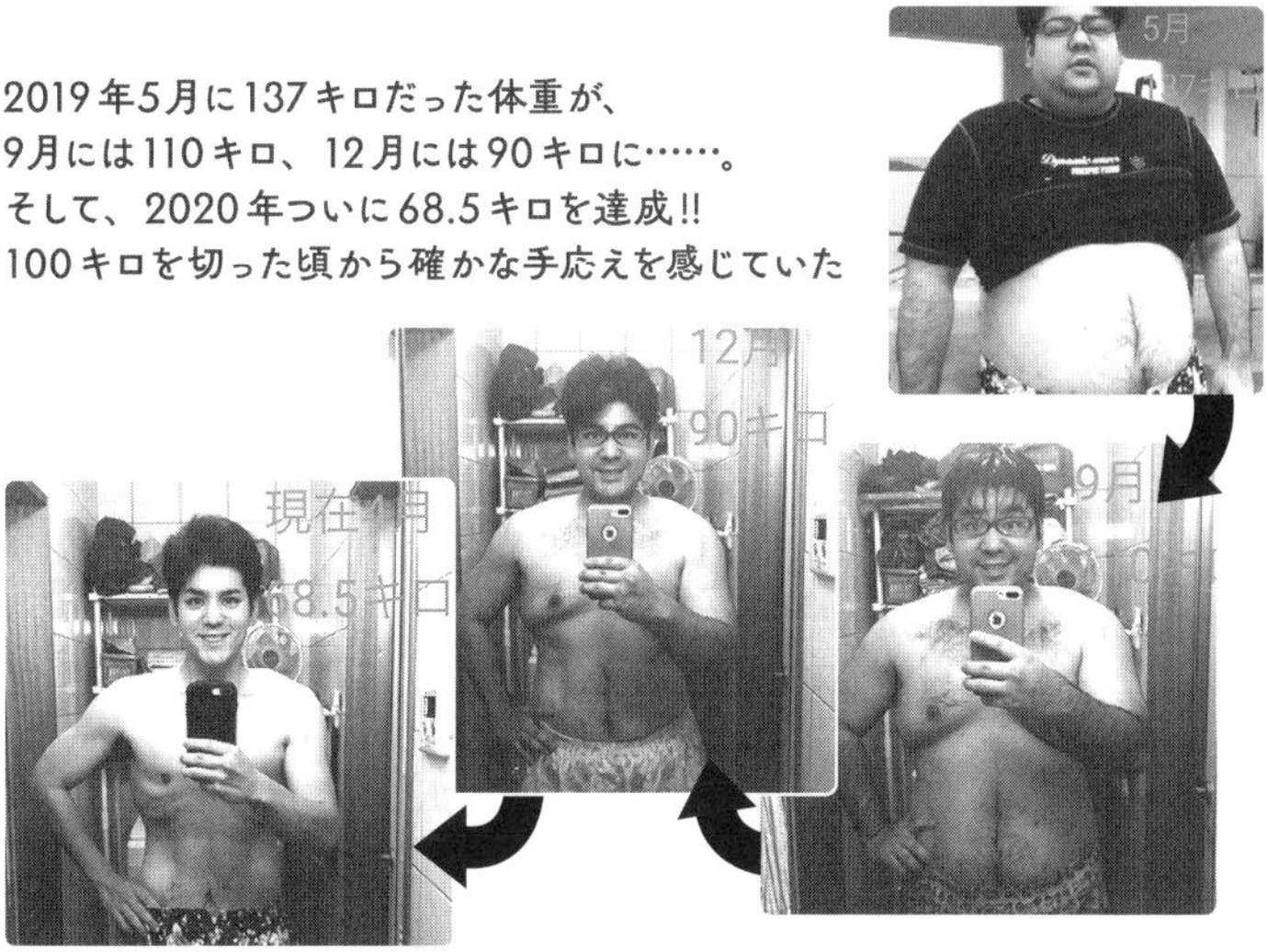

皆さんのコメントや、いいねリツイート
ほんとうにありがとうございました
全部見させていただき！
返させていただきました
区切りとして、今までの経緯の画像をのせます！ これを超えられるよう
これからもがんばります！

驚いたことに、この記事になんと5万7000も「いいね」がつきました。これはほんとうにうれしいできごとでした。
また、たくさんの優しいコメントや応援の言葉が寄せられました。正直、**「世の中、捨てたもんじゃない」**と思いましたし、さらにがんばろうと前向きになれました。

ユーチューブの視聴回数もうなぎのぼりに！

またユーチューブでも大きな反響がありました。コロナ禍でみんなが家に閉じこもっていたのも、ボクにとってはよかったのかもしれません。いきなり、視聴回数が増えていきました。

2020年7月17日に、ユーチューブにアップした『1年で137キロから68・5キロ 半分になった男の痩せる運動ランキングBEST5!!』の視聴回数は、これまでに146・1万回になっています。

また、それから約1か月後の8月12日にアップした『1年本気で痩せてみた 137キロ↓68・5キロ総集編』の視聴回数は、これまでに1078・5万回となっています。信じられない数字です。

これらの動画には、2019年5月段階の、体重137キロ、体脂肪率42・9パーセント、腹回りは145・6センチと、まだまだ〝超肥満体型〟のときに撮った動画も編集して入れておきました。

2020年7月17日にアップした『1年で137キロから68.5キロ　半分になった男の痩せる運動ランキングBEST 5 !!』（写真上）と、8月12日にアップした『1年本気で痩せてみた 137キロ→68.5キロ総集編』（写真下）

いわゆるビフォー&アフターを見てもらおうと思ったのです。

まあ、ふつうの人なら、太っていた頃の姿を世間にさらそうなんて思わないでしょう。ボク自身が見ても、ひどい姿でしたから。

でも、論より証拠で、そんな姿を正直にさらけ出したことで、多くの人に注目してもらえたのですから、結果オーライでした。

やはり、ユーチューブで情報を発信するには、「視覚的にわかりやすく見せることが大切なのかな」と思います。

ボクを見守ってくれた母と弟

ダイエットを始めて336日目、11か月目……。ボクは前述したように、68・5キロを達成しました。

11か月前の測定では、ウエスト145・6センチ、胸囲は測定不能、体重137キロ、体脂肪率42・9パーセントでしたが、それが2019年3月にはウエスト87センチ、胸囲108センチ、体重73・5キロ、体脂肪率20・3パーセントとなり、4月にはウエスト83・

5センチ、胸囲106センチ、体重68・5キロ、体脂肪率18・6パーセントになっていました。

それまでにも、途中で何度もあきらめかけたことがありました。心が折れそうになったのも一度や二度のことではありません。

けれど、自分自身でも結構シャープになったし、痩せてきたなと実感できるようになっていました。

この頃まで、ボクは母にも4歳下の弟にも、ダイエットに挑戦していることは一切話していませんでしたし、ユーチューブをやっていることも黙っていました。

でも、さすがにボクが痩せてきたことに気づかないはずはありませんでした。それでも何ひとつ言わずに見守ってくれていました。

母は、そのときのことをこう振り返っています。

「薬も効かず、入退院を繰り返してつらい毎日を送っているお前を見ていて、どうしてこの子だけがこんな病気になるのか、かわいそうでならなかったよ。でもお前はじっと耐えていた……。そんなお前が、なんだか食事に気をつけるようになり、黙々と運動もするようになった。私はただ遠目で見守っていただけだよ」

弟はこう言っています。

「最初のうちは、兄ちゃんが何をしているのかわからなかったけど、そのうち本気でダイエットしていることには気がついた。黙って見ていたけど、兄ちゃんならやり遂げると思っていたよ」と――。

ボクは、ネットで応援してくれる人たちばかりでなく、家族に見守られながら、宣言どおり、1年以内に体重を半分にすることに成功したのです。

支えてくれた家族の存在

ボクの家族は、母とボク、そして弟の3人。これまでずっと、3人で生きてきました。母は、学校給食の仕事などをして一生懸命働き、女手ひとつでボクたち兄弟を大切に育ててくれました。また、昼ばかりでなく、夜も働いていた時期があります。ほんとうにたいへんだったと思います。

そんな母は、ボクたち兄弟がやりたいことは、なんでもできる限りのことをやらせてくれました。

たとえば、キックボードが欲しいと言えば、兄弟に1台ずつ買ってくれましたし、ボクがバドミントンをやりたいと言えば、教室に通わせてくれました。それなのに、ボクはたった1週間でやめてしまいました。

でも母は何も言いませんでした。母にしてみれば、母子家庭だからといって、後ろ指をさされたくないという一心だったのかもしれません。

また、ボクたち兄弟がやりたいことをやる中で、自分の生きる道を見つけてほしいという思いもあったのだと思います。

そんな母は、いまだに、ボクが小さいときに〝初めてのお使い〟に行ったときのことを懐かしそうに振り返ります。

そのときボクが母から買ってくるように頼まれたのは、包丁でした。

ボクは張り切って近くの店に向かいました。

そのとき、母は心配で、そっとボクの後ろからついていったそうです。ところが、そんな母に気がついたボクは、クルっと振り返って「ついてくるな!」と言ったというのです。

ボクには、その記憶はありませんが、それ以来、母はボクのことを「この子は責任感があるし、独立心がある。いったん口にしたことは必ず実行する子だ」と信じていると言います。

まさに親バカです。でも、母は、そのときボクが買ってきたドラえもんの絵入りの子ども用包丁を、今も台所で大事に使っています。(笑)。

それにしても、母はたいへんだったと思います。

今でこそ、体調を取り戻して元気になってくれていますが、働き過ぎて体調をくずしたこともありました。

そんな母の姿を間近に見て育ってきただけに、ボクたち兄弟は、なるべく母に心配をかけたくないという気持ちが強いのかもしれません。

実際、母と言い争ったことなんてまったくありませんし、兄弟げんかをした記憶もありません。ほんとうに仲のいい家族だと自負しています。

だからこそ、母も弟も、ボクがダイエットを始めたことに薄々気づいても何も聞かなかったし、何も言わなかったのだと思います。

それこそ日常的な生活も会話も、まったく変わりありませんでした。

たとえば、ダイエットを始めてからは、ボクが食べるものはすべて、自分で食材を準備して調理するようになりましたが、食事はそれまで同様、家族3人で一緒に食べていました。

ちなみに弟は、ボクと違っていくら食べてもまったく太らない体質ですから、以前とまったく変わらず、母がつくった料理を、ボクの隣で遠慮なくお腹いっぱい食べています。

でも、ボクは不思議とうらやましいとは思いませんでしたし、食べたいとも思わなくなっていました。体がすっかりダイエットに慣れてしまっていたからです。

また、そうして変わらずに接してくれたのがよかったと思います。逆に、気にして「いったいどうしたの⁉」とあれこれ聞かれたら困っていたと思いますし、ボクの前で弟が食べるのを遠慮するようなそぶりを見せたりしたら、「ダイエットを絶対に成功させるぞ」という覚悟が揺らぎ、甘えが生じていたかもしれません。

何はともあれ、ボクのことを尊重して、何も聞かずに見守っていてくれたことは、ありがたいことでした。

かくしてボクは、そんな家族に見守られながら、宣言どおり、1年以内に体重を半分にすることに成功したのです。

また、ボクの成功には、みんなの応援のおかげがあったことも確かでした。**みんなの応援が「ボクはひとりじゃないんだ！」と前を向く力を与えてくれました。**

だからこそ、筋肉なんてまったくなく、まるで動けないデブだったボクが、ダイエットに成功できたのです。

そしてダイエットに成功したことで、ボクの心に大きな変化が生じていました。

人間、あきらめなければなんでも達成できるんじゃないか……。そう思えるようになったのです。いろいろなことに挫折感を感じていて、すっかり忘れかけていた感情でした。

そして、新たに目指すものも見えてきました。それは、筋肉を鍛えつつ、新たな体をつくること（ボディメイク）という目標でした。

大転機！ 脂肪を根こそぎ筋肉に変えよう

目標の68・5キロを達成してから20日後の2020年5月6日、ボクの体重は75キロになっていました。でも、これはリバウンドではなく、意識して増量した結果でした。

前述したように、ボディメイクという新しい目標が見えてきたボクには、68・5キロを維持する気持ちはありませんでした。

68・5キロを維持するということは、そのままの体を保つということですが、その体は、ボクにとってまだまだ〝脂肪の塊〟にすぎませんでした。筋肉でできた68・5キロではなく、ほぼ脂肪でできた68・5キロです。そんな体は、とても満足できるものではありませんでした。


ボクはがんばって、**いつか〝脂肪だけじゃない68・5キロ〟になりたかった**のです。

脂肪を根こそぎ筋肉に変えるぐらいのことをいつか果たしたいと思いました。

まだまだ皮も余っていました。「そんなに皮が余るくらいなら、ダイエットしたくない」という人もたくさんいました。

でも、そんな人がボクを見て、「ルイボスがやれるんなら、自分もやれるんじゃないか。がんばってみよう！」と思ってくれる人も確実に存在していました。

そんな、応援してくれる人のことを思い出しながら、ボクは、「今の皮が余っているボクを見て、ダイエットしたくないと思っている人も、がんばってダイエットしてみようと思ってくれるような体にしたい」と思いました。

〝いい体〟をつくることが、ボクの新しい目標になったのです。

こんなボクを「がんばって！」と応援してくれる人もいれば、「自分もダイエットがんばろう」と思ってくれる人もいます。そういう人がいてくれることがうれしいし、その人たちのためにも、もう少しがんばろう、そうしなければ、応援してくれている人たちを裏切ることにもなると思いました。

ボクはさっそく食事から見直しました。摂取するタンパク質を増やして、あえて増量したのです。体重が増えたのはそのためでした。

それと同時に、筋トレの日も増やしました。

もちろん、68・5キロを維持しようと思えばできたでしょう。

でも、それでは意味がありません。あの68・5キロの体は、ボクの限界ではありませんでした。**まだまだ先に進める**と思っていました。

思い起こせば、それまでもそうでした。最初からここまで痩せようとは思っていませんでした。ボクは、死なないために、少しでも健康になりたいと思ってダイエットを始めました。

そこから、100キロを目指して、85キロを目指して、70キロを目指して、そして、当初の体重の半分の68・5キロを目指したのです。

それは長い階段を、1段1段のぼっていくようなものでしたが、その前進を止めたくありませんでした。

笑いたい人は笑えばいいと思いました。

ボクのことをバカにしたい人はバカにすればいい。でもボクは絶対にあきらめない。みんながダイエットしたいと思えるような体を目指していきたい!! そう思ったのです。

そして、3か月後の夏を目標に、ボク自身が納得できる体づくりをすることにしました。

この頃には、楽しみでやってきたダイエットが、ボクの中で、まったく別の意味をもつようになっていました。

[STAGE]

V

新たなる前進

そもそもどうやったら痩せるのか？

人間には基礎代謝というものがあります。簡単に言うと、人が生きていくために最低限消費するエネルギーのことです。1日何もしなくても、消費するカロリーのことです。

これは一人ひとり違います。身長や体重、あるいは筋肉量によっても違ってきます。2000キロカロリーの人もいれば、1000キロカロリーの人もいるんです。

ボクの場合も、最初は2000キロカロリー台だった基礎代謝量が、体重の減少と同時に筋肉がついてくることによって、だんだん落ちていきました。

ボクはまず体重計を買いました。今の体重計は、体重だけでなく、体脂肪率や基礎代謝量もポンと出ます。

たとえば今の段階で基礎代謝量は1700キロカロリーぐらいになっています。ここで1日1700キロカロリー食べたら、太りもしないし痩せもしないということになります。

そこに、筋トレやウォーキングなどの運動を追加するんです。

そうすると、その分だけ確実に痩せていきます。基礎代謝は何もしないでも消費されますが、そこに運動によって消費されるカロリーが加わり、結果的に痩せていくわけです。

ボクは「あすけん」という無料アプリを利用しています。食べたカロリーと運動の消費カロリーを調べて記録できるアプリです。

これで基礎代謝量を下回れば、痩せることができるわけです。

たとえば、基礎代謝１８００キロカロリー、食べたものが１８００キロカロリー。そこにちょっと運動して２００キロカロリーのエネルギーを消費できれば、その分、痩せられるというわけです。

これを続けていくのがダイエットなんです。

ダイエットといえば、「とにかく食事減らして……」という人が多いでしょう。

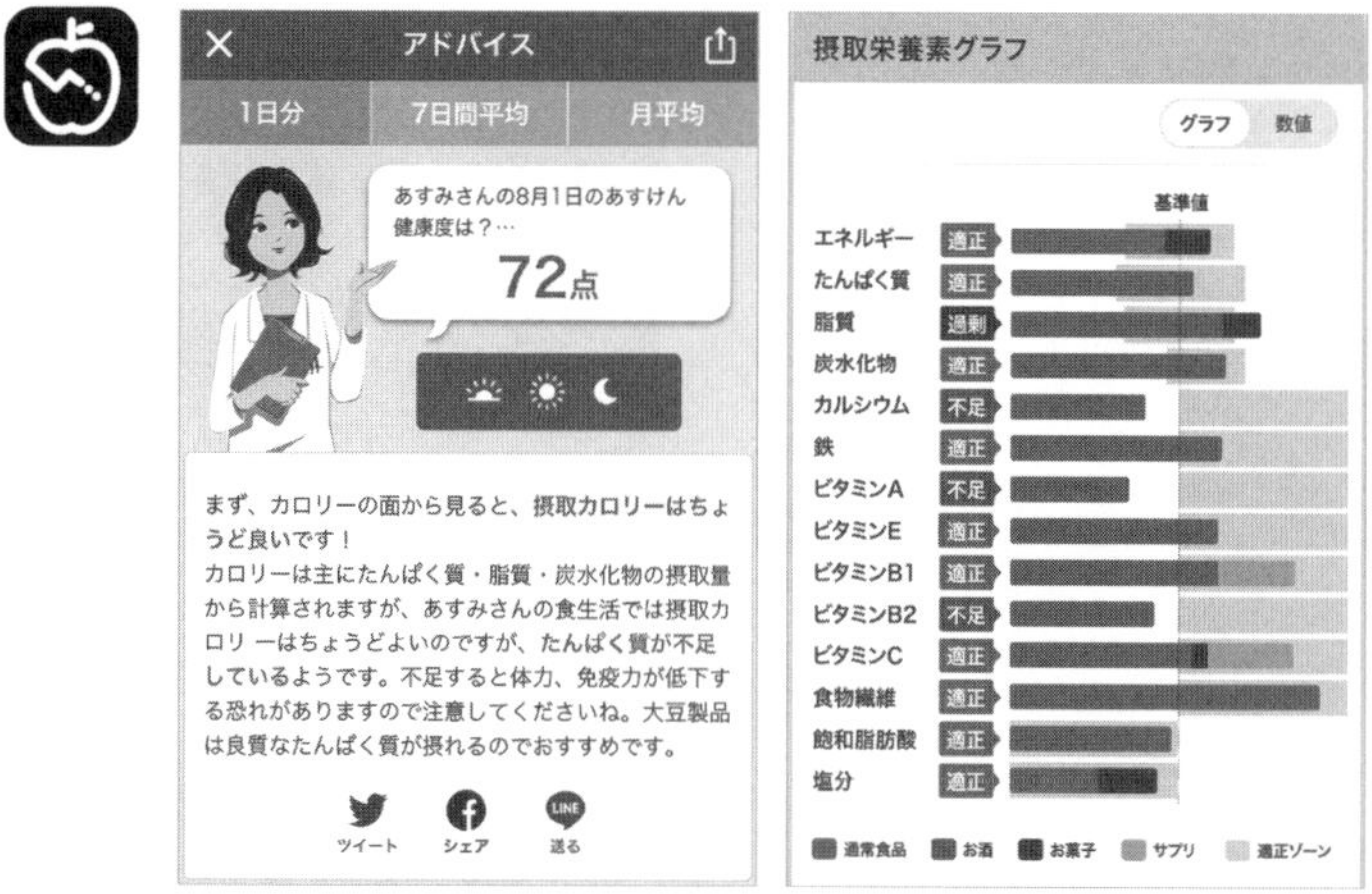

ダイエットアプリ「あすけん」の画面

もちろん、食べなければ痩せます。だけど、それだけでなく、自分で計算し、把握することが大切だと思います。

仮に3週間やっても痩せなければ、食べる量を少し減らすか、運動量を増やせばいいのです。そうした調整をするためにも、ぜひ自分の基礎代謝量を知ることから始めてほしいと思います。

痩せる運動ランキング ベスト5

さて、ここで、ボクが体験した「痩せる運動ランキング ベスト5」を紹介しておきます。あくまでも個人的な感想ですが、参考にしていただければ幸いです。

ランキング 5位 ランニング

【痩せやすさ度 ★★★★★
継続しやすさ度 ★★】

ダイエットといえば、すぐにランニングが思い浮かびます。実際、ランニングはとても効果があると思います。

ランニングは「有酸素運動」です。

有酸素運動とは、ランニングやジョギング、エアロビクス、サイクリング、水泳などのように、長時間継続して行う運動のこと。

運動時に多くの酸素を体内へ取り込むことで、体内に蓄積された脂肪をエネルギーとして使って痩せることを目指します。

でも、ボクの場合は、そもそもランニングすることが困難でした。ふつうの人より肥満度が進んでいましたから、足、特に膝などへの負担が大きいし、息切れして心臓が止まるんじゃないかと本気で心配したほどです。

だから、ランニングはなかなか続けられませんでしたし、継続しやすさ度も「2」と低評価になりました。実際、体重が70キロぐらいになったとき、ちょこっと取り入れた程度で、正直言って、ランニングはほとんどしませんでした。

ランキング 4位 水泳

【痩せやすさ度 ★★★★★★★★
継続しやすさ度 ★★】

水泳は、太った人がダイエットするにはうってつけの運動です。水泳も、前述したように「有酸素運動」に分類されますが、その中でも特に運動強度が高く、継続して行うことで体脂肪の燃焼効果・内臓脂肪の減少や呼吸循環器系の機能向上の効果が期待できるとされています。

ちなみに、有酸素運動は20分たった頃から脂肪燃焼効果が期待できるとされ、水泳の場合、泳いだ距離ではなく、泳いだ時間の方が大切だとか。1回30分程度を目安に、トレーニングに取り組むのがいいとされています。

また、水泳のいいところは、水の浮力で足への負担も少なく、ケガをするリスクも少ないので、超肥満体の人にとっては理にかなった運動だとされています。

ただし、デメリットもあります。終わったあと、体がドロッとするほど疲れてしまい、ついつい食べ過ぎたりしてしまうのです。ボクの場合、その欲望を抑えるのがたいへんでした！

また、ボクには精神的な面で大きな問題もありました。

子どもの頃から太っていたボクは、人前で裸になることに強いコンプレックスを感じていました。プールに行って、服を脱いだときの人の視線が苦痛でたまらなかったのです。

それが、ボクにとって、水泳の継続しやすさ度が「2」と低評価になっている理由のひとつです。

ランキング 3位 縄跳び

痩せやすさ度 ★★★★★
継続しやすさ度 ★☆

縄跳びは自宅でできますし、短時間でもカロリー消費量が大きいとされており、痩せやすさ度は「5」と高評価できると思います。でもボクの場合、継続しやすさ度は「1・5」と低くなりました。

かつてのボクみたいに太っている場合、ジャンプを繰り返す縄跳び運動は、膝に大きな衝撃を与えてしまいます。それだけ大きなダメージを受けてケガをする確率も高くなってしまうのです。

ある程度体重を落としてからならいいと思いますが、最初から縄跳びだけでダイエットするのは避けたほうがいい、というのがボクの実感です。

また、縄跳びは、やっている間、何かをやりながら（たとえばテレビを見ながら）なんてできません。だからすぐにつらくなってしまいます。それも継続しやすさ度が低い理由です。

正直言って、縄跳びだけでダイエットするにはかなりの精神力が必要でしょう。ある程度痩せてから、できれば、きちんと縄跳びの方法を学んだうえで挑戦するようにしてほしいと思います。

ランキング2位 エアロバイク・踏み台昇降

【痩せやすさ度 ★★★★ 継続しやすさ度 ★★★★】

ボクはエアロバイクが好きで結構やっていました。エアロバイクのいいところは、消費カロリーを計測できるので、目標を立てて運動ができるという利点があります。

また、人目を気にせず、家でできること、何かしながらできること、そして、何かあったらすぐに終わることができるなどのメリットもあります。

自宅内でのトレーニングですから、雨が降ってもできますし、ちょっと調子が悪いときなど、すぐにやめられるので安全なのです。ボクの場合、最初のうちは、ちょっとやると股関節が痛くなったりしていましたが、そんなときは無理をせず、すぐ中止するようにしていました。

踏み台昇降も、エアロバイクと同様に自宅で安全にやれるので、おすすめです。また、踏み台昇降はエアロバイクよりも体にかかる負荷が小さいので、挑戦しやすいと思います。

ボクの場合、最初のうちは踏み台昇降から始めて、ある程度こなせるようになってから、エアロバイクの時間を徐々にのばしていきました。

ちなみに、踏み台昇降やエアロバイクは、テレビなどを見ながら続けることができるので、とても継続しやすい運動です。

ランキング1位 ウォーキング

［痩せやすさ度 ★★★★★
継続しやすさ度 ★★★★★］

ベスト1は、ウォーキングです。ウォーキングのメリットは、自分のペースでできる、いろんな景色を見ながらできる、音楽を聞きながらでも、スマホで電話しながらだってできます。また、目的をもってやれるということも大きいと思います。

たとえば、買い物に行くにしても、車ではなく、歩いて行けばいいのです。目的をもって歩くということが大切で、それが日常生活の一部になれば、歩くことが当たり前になっていきます。

これなら、誰でもできます。ボクも運動はあんまり得意じゃないけど、ウォーキングは最初からできました。

ただし中止も必要です。「やりすぎは筋肉が焼ける」と言いますが、無理をすると筋肉を傷めてしまいますから、徐々に歩く距離をのばしていくようにしましょう。また、大雨や台風だと外に出るのも危険ですから、そういうときは、エアロバイクか踏み台昇降がおすすめです。

『キャンキャン』に載った！

2020年、小学館の雑誌『キャンキャン（CanCam）』の11月号にとり上げてもらいました。「まさかこんな日がくるとは！」と感無量でしたし、とてもうれしいことでした。

さっそくおじいちゃんとおばあちゃんに見せに行きました。だけど、2人とはちょいちょい会っていたので、ボクが太っていた頃のことを覚えていない可能性もあり、見せたときに「誰これ？」と言われる可能性も大でした。

案の定、おばあちゃんは、太っていた頃の写真と今の写真を見て、「こんなになったの

『キャンキャン(CanCam)』
2020年11月号の表紙(上)と
ボクの記事(左)

!?」と、しばし絶句してしまいました。

その後、「うそーっ、こんなだった?」と虫眼鏡で確認して、「ぜったいこれ、しのぶ(ルイボスの本名)じゃないよ」と言う始末。

それでも、しばらくすると納得したのか、「いかしてるよ。今、昔の写真を見ても、誰もしのぶとわからないよ。どうだい!!」と、おじいちゃんに話しかけます。

おじいちゃんも「かっこいいね。痩せてよかったね」と言ってくれました。

おばあちゃんが太っていた頃の写真を指差しながら「これいつ撮ったの?」と聞いてきました。

「痩せると決めたとき、自分で撮ったんだよ」

そう答えると、「へえ、でもすごいね」と

言ってくれました。

こうして『キャンキャン』２０２０年11月号はウチの家宝になりました。少しはおじいちゃん、おばあちゃん孝行できたと思います。

筋肉の祭典に行ってきた

２０２０年10月25日、ボクは、沖縄県那覇市で行われた「第6回 ＯＫＩＮＡＷＡ オープン大会 ＡＵＴＵＭＮ」（主催：沖縄県ボディビル・フィットネス連盟）を見に行きました。

マッチョさんたちだらけで緊張しました。初めて目の前でマッチョさんたちはすごすぎて、びっくりでした。

格闘技界で「神の子」と呼ばれた山本〝ＫＩＤ〟徳郁選手のいとこ・山本龍秀選手も来ていました。インタビューを申し込むと、「ルイボスチャンネル」を見てくれていると言ってくれました。感激でした。

筋肉も触らせてもらいました。脂肪がなくて、力を入れたら、筋肉の線が全部見えます。

筋肉の祭典に行ってみた！

山本龍秀選手との2ショット

すごい筋肉でした。体脂肪率4パーセント。バッキバキで、もう、すごくきれいな体!!まさに雲の上の存在……。インタビューするのにも勇気がいりました。

山本選手はこう教えてくれました。

「筋肉は才能もあるかもしれない。だけど、絞りは根性だ」と――。

脂肪がなくて、力を入れたら、筋肉の線が全部見える。絞るというのがどういうことかよくわかりました。

この体験が、ボクを次のステージにいざなうこととなりました。自分も全力でがんばって、1年後にはボディビルの大会に出場できるようになろうと、決意を新たにしたのです。

目指すはマッチョマン

ボクはまず、自己流で筋トレを開始することにしましたが、どう考えても、大会に出られるような体をつくるには、自宅でトレーニングするだけでは足りません。本格的なトレーニングマシンが必要です。

そこで、24時間利用可能・365日年中無休のフィットネスジムの会員になりました。

ジムに行けば、ウォーキングマシンをはじめ、ベンチプレス、ラットプルダウン、エアロバイクなど、いろいろなマシンが置いてあり、本格的な筋トレが可能だからです。

最初のうちは、ジムに行って、たとえばラットプルダウンを15回3セットやって満足して帰ってきていました。ラットプルダウンとは、簡単に言うと背筋を鍛える運動で、目指すはきれいな逆三角形の背中です。

でも2か月ほどすると、限界を感じ始めました。そもそもフォーム自体が自己流で、いい加減だったせいもあって、思うように筋肉がついてくれなかったのです。そうそう簡単にマッチョにはなれないことが、つくづくわかってきたのです。

そこでボクは、ボディビルジムのオーナーに頼み込んで個人指導を受けることになりました。その選択は大正解でした。

自分ではわかりませんが、トレーナーさんは、ボクの体を見ただけで、どんな運動が必要かをすぐに見抜いてくれました。

それこそ、漫画の『ドラゴンボール』に出てくるスカウター（相手の戦闘能力を見抜くメカ）を持っているかのように、ボクの体と能力を正確に把握して、ボクのためのトレーニングメニューを考えてくれました。

実際に、与えられたメニューをやってみて、すぐにわかりました。ボク自身は、ほんとうに一生懸命、それこそ息が上がるほどがんばっているつもりでしたが、心拍数が上がるだけで、筋肉をつける効果は上がっていなかったのです。

そんなボクに対して、トレーナーさんは、歩き方や体のつくり方、股関節の使い方など、基本から教えてくれることになりました。

ボクが「どうして、ひと目見ただけで、そこまでわかるんですか?」と聞くと、トレーナーさんは、「もう15、16年以上やっているなかで、いろいろ学んできたんですよ」と答えてくれましたが、実は、トレーナーさん自身もすごい体をしていますし、大会でも活躍した実績をもっています。「いや、ボディビルの世界はほんとうに奥が深い」と、改めて実感しました。

食事改革断行

パーソナルジムに通うようになった2022年1月、体重は103キロでした。体重はなかなか変わりません。だけどボク的には、脂肪は減っているという実感がありました。

ズボンがゆるくなったし、ベルトの穴も何個か縮まったりしていました。鎖骨もはっきり見えるようになっていたような気がします。

鎖骨が見えるなんて〝人生初のこと〟でした。

この時期、ボクは食事の改革にも本格的に取り組みました。

それまでのボクの食事は、米に肉だけ、米に魚だけで、野菜はほとんど摂っていませんでした。単純にカロリー分のタンパク質を最大限に摂ればいいだろうという乱暴な食生活を続けていました。

それを聞いたトレーナーさんから、こんなアドバイスを受けました。

「それじゃダメだ。やっぱりバランスが大切です。食物繊維や野菜も必要です。食物繊維を増やすことで、腸内環境もよくなる。今のところ健康なんですが、このままだと肝臓に負担がくるかもしれないので、野菜や食物繊維を取り入れたほうがいいですよ」

それを聞いたボクは、すぐさま食事を見直し、米を増やしてタンパク質を減らすことにしました。また、できるだけ野菜も食べるようにしました。

具体的には、1食につき70～80グラム摂っていたタンパク質を40～50グラムまで減らしました。その代わり、ご飯もしっかり1杯は食べるようにしました。また野菜も、トマト、ホウレンソウ、ブロッコリー、キノコに加え、キムチも食べるようにしました。すると、便通がよくなりました。さらに、毎食後、ビタミン剤とカルシウムも摂るようにしました。

この食事改革の成果は、すぐに出ました。体重はあまり変わりませんが、脂肪が減っていくような気がしました。「プラシーボ効果かもしれないし、いったい何が起きているのかわからないけど、いい兆しだ」と思いました。

それまでボクは、「筋トレに必要なのは米と肉だけで、その両方を摂っていればいいや」と思っていましたが、実は、**人が健康に生きていくには、バランスのとれた食事が大切だし、腸内環境とかも重要だ**とわかったのです。

ここでまたボクは、ひと段階進歩したのだと思います。

「脱ぎに行く」宣言

それからおよそ半年後の7月22日、ボクはユーチューブで、「85キロ切ったら、人生で初めて海へ脱ぎに行きます」と宣言しました。

それを見た多くの人は、「ふ〜ん、ルイボスもついにそこまで自信がついたんだな」と

この時期の食事メニュー（1食分）

（キロカロリー）

ステーキ	牛ヒレ 125グラム	133
若鶏肉	むね肉・皮なし 0.5枚	90
プチトマト	3個	12
ブロッコリー	ゆで 30グラム	9
ぶなしめじ	ゆで 20グラム	4
生卵	1個	80
ホウレンソウのおひたし	94グラム	25
ご飯	小盛り2杯 240グラム	374
ネイチャーメイド カルシウム・マグネシウム・亜鉛（大塚製薬）	1日3粒	
ネイチャーメイド スーパーマルチビタミン&ミネラル（大塚製薬）	1日1粒	

思ったことでしょう。でも真相はまったく逆でした。正直言って、ボクはビビりまくっていました。

前述したように、ボクは子どもの頃から、人前に自分の裸をさらすことに少なからぬ抵抗感を覚えていました。

その抵抗感は、体重100キロ超になり、140キロ超になったときの体験でさらに増大し、拭い難いものになっていました。

想像するだけでも、たくさんの人がヒソヒソと悪口を言って、奇異な目を向けてきたときのことがフラッシュバックしてきそうで、とにかく人に裸を見られることに強い恐怖をいだいていました。

でも、いつまでも人目を避けてばかりでは人生を変えることはできません。

少しでも前進するためには、そのトラウマをなんとかして乗り越える必要がありました。

そして、自分自身に高い目標を課す必要がありました。

その目標こそ、人が大勢いるビーチに行って、上半身裸になって、ポージングするということだったのです。

普通の人にとっては、海に行って服を脱ぐなんて、なんでもないことでしょう。

　また、「ツイッターやユーチューブでは、さんざん服を脱いでいるじゃないか」という人もいるでしょう。
　でもツイッターやユーチューブの画像は、あくまでもレンズを通して自撮りしたものであり、その画像データをアップしているだけのこと！　それほど大きな抵抗は感じずにできることでした。
　それに対し、人がいる海岸で服を脱ぐという行為は、まさにみんなの視線の前に、生身の自分をさらすことであり、ボクにとっては恐怖そのものだったのです。
　とにかく、海に行って脱ぐということは、決してオーバーではなく、一世一代の大決心でしたが、それを実行することで、トラウマ

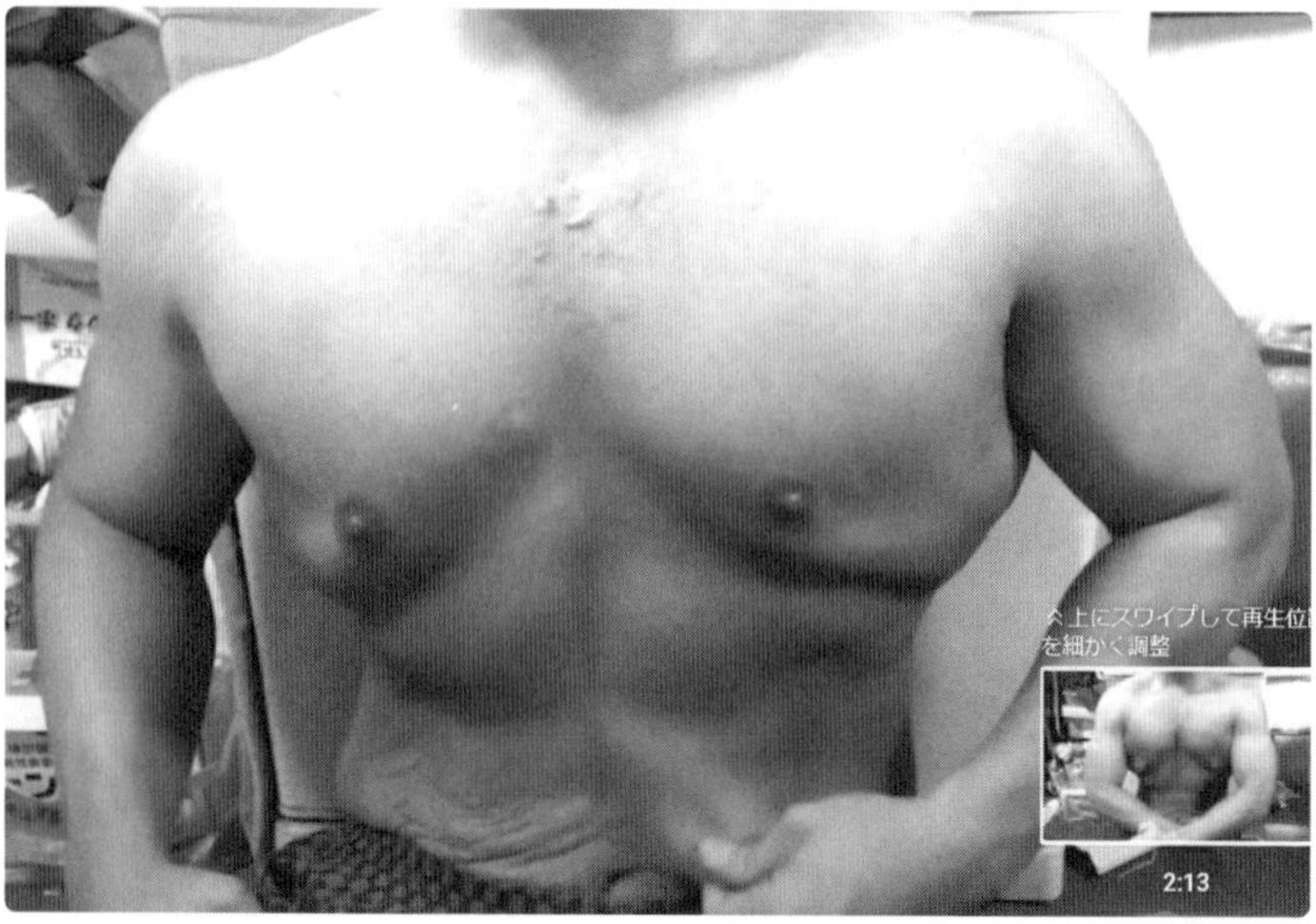

から解き放たれると思っていたのです。

この日、体重85・1キロ、体脂肪率25・3パーセントでした。前述した食事法が功を奏して毎週、着実に体重が減っていました。自分的には、顔がずいぶん痩せてきたという印象でした。

服を着ていれば、かなりイケてるところまで体も絞れていました。ただし、服を脱ぐとまだまだでした。腹回りには皮が余ってタプタプしていました。

トロピカルビーチでの挑戦

2022年8月14日。この日、ボクはトロピカルビーチに脱ぎに行きました。

人前に自分の裸をさらすことにめちゃくちゃ抵抗感のあったボクにとって、それは自分の殻を打ち破るために、越えなければならない通過儀礼でした。

めちゃくちゃ暑い日でした。海岸に向かう車の中で、ボクは思いつめ、悲壮な顔をしていたと思います。宣言どおりに海岸で服を脱げるかどうか、まだまだ自信がなかったのです。

海岸まで行くと、人でいっぱいでした。予

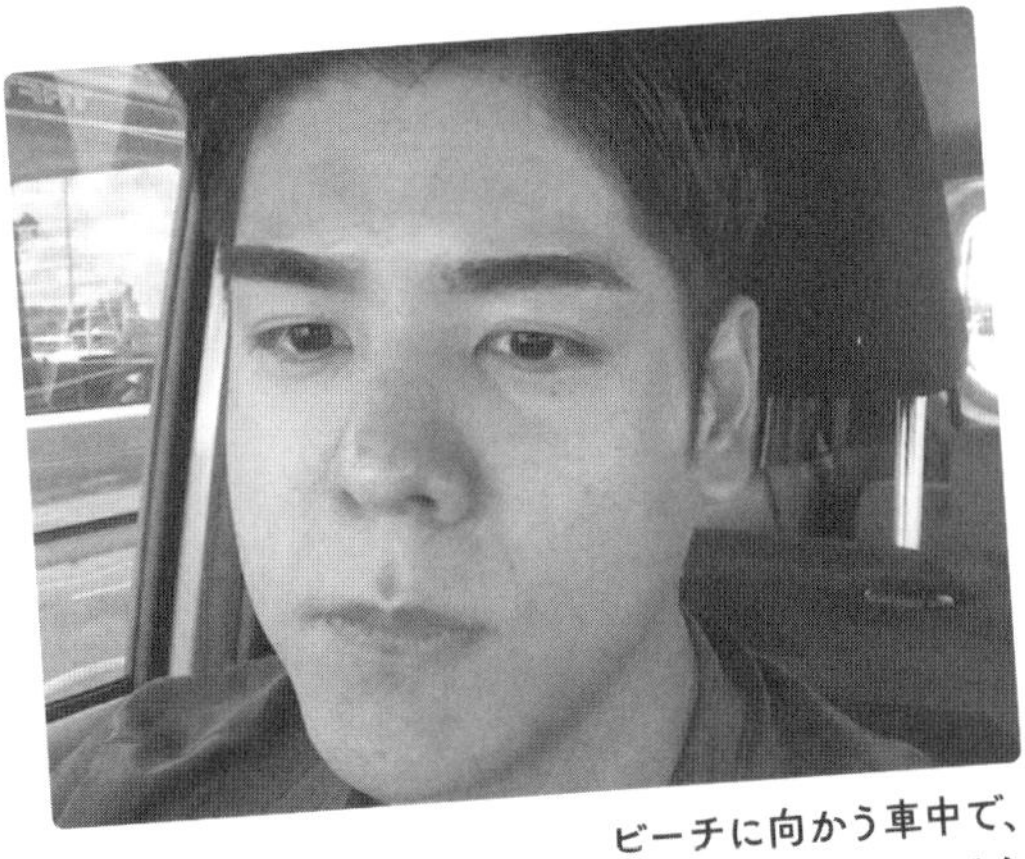

ビーチに向かう車中で、
思いつめた顔をしていたボク

想していたとおりでしたが、それを見ただけで萎縮しました。

きつい!! それが正直な気持ちでした。

そもそも人の多い空間にいるのにもまだ慣れていなかったボクにとって、大勢の人の前で服を脱ぎ、ポーズをつけて写真を撮って帰る……たったそれだけのことすら、ボクにとっては、途方もなく難しいことでした。

だいたい、ウチナーンチュ（沖縄の人）は、海水浴をするときに服なんて脱ぎません。そんなことをすれば、ひどく日焼けして、つらい思いをすることを知っているからです。だから、泳ぎに行っても長袖のTシャツなどを着るのが当たり前、裸になっている人は旅行客だけなんです。

そんなこともあって、ボクが海岸で服を脱ぎ始めたとたん、まわりの人たちが一斉に目を向けてくるシーンを浮かべて恐怖におののいていたのです。

かといって、そのまま帰るわけにもいきません。

いったん人目のつかない離れたところで、服を脱いでリハーサルをしました。それでも結局、みんなが歓声を上げている海岸線エリアまで行く勇気は出ませんでした。

2年半前、体重137キロからダイエットを始めたボクは、それまで人の視界に入らな

予行演習で
人のいないところで脱いでみたけど、
それ以上、勇気が出なかった……

いように生きていました。

でもだんだん痩せてきて、ふつうの人に近づいて、奇異な目で見られなくなりました。また、きついトレーニングを積み重ね、心も成長しているはずでした。

「何も気にしない。全然イケるわ!」

自分自身、余裕でできると思っていました。ところが、海岸まで行って服を脱ぐという、たったそれだけのことができなかったのです。ショックでした。まだまだ気弱なボクがいて、人混みに向かって歩いて行く勇気すらなかったのです。

「ただ、海岸で服を脱ぐだけじゃないか」と自分に言い聞かせました。でも、それすらできなかったのです。

自分がつくづく情けなくなりました。

海岸近くまで行ったボクは、完全にまわりの雰囲気に負けてしまっていました。

昔、浴びせられた冷たい視線が思い出されて、ほんの少し残っていた勇気も、あっという間に消え失せてしまいました。

人前に出るだけでもたいへんなのに、人の前で脱ぐなんて、夢のまた夢だったのです。

その日、ボクは大きな挫折感を覚えて帰りました。動画をアップするかどうかも迷いました。

だって、「行く」と豪語していたにもかかわらず、実行できなかったのですから、かっこ悪いし、なんと言われるかわかりません。

「やっぱりダメだったんだ。そうだと思った」

「あれだけ豪語していたのに、なんて情けない。裏切られた！」

「もうお前のことなんて応援しない！」

そんな言葉が山のように浴びせられるだろうと思いました。

ボクは「失敗したことはなかったことにして、ウヤムヤにしようかな」と考えるほど追い詰められました。「もう、ルイボスなんてやめて、みんなの前から姿を消すしかない。そのほうがよっぽど楽だ」と思いました。

でも、最後の最後に「このままじゃダメだ」と考え直しました。

なんとかがんばれる自分がいるんじゃないか。なんと言われるかわからないけど、勇気を振り絞って告白しようと――。

そして、その夜、ボクは自分の情けない動画とともに、こんなコメントをアップしました。

「海に脱ぎに行きました。ダメでした。自分に失望しました」

再チャレンジ成功

5日後の8月19日、ボクは再チャレンジしました。まさに捲土重来《けんどじゅうらい》、失敗したらルイボスの名を捨てるつもりでした。

途中、めちゃくちゃ雨が降っていましたが、海岸に着いたときには、晴れ上がっていました。

前回、みんなに情けない姿を見せていましたが、それでも優しい言葉で応援してくれる人たちがいました。ほんとうにありがたいと思いましたし、「今度こそ脱がないと、もう先に進めない」「この試練を乗り越えないと、自分が目指しているところまで行けない」とも思いました。

成功させるための〝秘策〟も考えました。

駐車場から海水浴場までは結構距離があって、5分以上歩きます。

「そうだ。そこまで行って脱ぐからきついんだ。ならば、駐車場から脱いでいけばいいんじゃないか！」

車の中で服を脱いで、「もう行くしかない、引き返せない状況をつくってしまおう」と考えたわけです。

そしてボクは思い切って服を脱ぐと、「行くぜ！　もう行くしかない!!」と、決意を声に出して、車を降り、海岸に向かって歩き始めました。

上半身裸の海パン姿にデイパックを背負うという、なんとも奇妙な恰好でした。

正直なところ、歩きながらも、車に飛んで戻りたくてたまらなくなりました。

そんな自分に「行くしかない、行くしかない」と言い聞かせながら、海水浴エリアへと向かいました。

冷静に考えれば、ダイエットしたり筋トレしたりするほうがよっぽどたいへんです。海岸まで行って服を脱ぐなんて、これまでやってきたダイエットや筋トレのつらさに比べれば、ほんとうにたいしたことではないはずです。

でも、そう考えようとしても途中で足が止まってしまいそうになります。それでも無理やり足を動かしているうちに、なんとか砂浜に到着しました。

ボクは、子どもたちの歓声が上がるビーチの真ん中に足を進めていきました。そのためには、残っていたわずかばかりの勇気のすべてをかき集める必要がありました。

でも、今度はついにやり遂げました。

海水浴エリアの砂浜の真ん中で、ポーズをつけて撮影することができたのです。そのとき、ボクの口から飛び出したのは、「イケただろ。これ‼」のひと言でした。ダイエットを始めてから最高の達成感でした。心の壁をぶち破るって、ほんとうに大切だ、と改めて思いました。それと同時に、「自分の中の殻をひとつ破ることができた！」とも感じていました。

マッチョになるための筋肉トレーニング

この頃から、自分の中では昔より確実に胸の筋肉が増えていったような気がします。筋肉が動かせるようになったし、触った感じ、筋肉っぽいものが出てきました。

ボクがマッチョを目指してやっていたトレーニングは、ベンチプレスとダンベルプレスが中心で、ベンチプレスが7～8割、残りがダンベルプレスという感じでした。

【ベンチプレス】

胸（大胸筋）、肩（三角筋）、腕（上腕三頭筋）の筋肉をつけるには、ベンチプレスが効果的です。

ボクの場合、次のようにやっていました。

最初にバーだけで10回ほどウォーミングアップします。そのあと、横に20キロのプレートをつけて50キロで10回、次に10キロずつプラスして計70キロを10回上げます。ここまでが基本のウォーミングアップです。

次に、バーベルを90キロにして本格的なトレーニングに入ります。この頃のボクのマックスは110キロから120キロの間でした。めちゃくちゃ調子がよければ、120キロ上げられることもありましたが、基本は90キロでセットを組んで、10回上げることにしていました。

1回目、10回いく。そして2セット目は10回を超えようという気持ちでがんばります。3回目のセットは、筋肉疲労もしていて、なかなか10回までいけません。限界までやっているから回数も下がる、ということだと思います。

でも気持ちが大事です。10回を3セット、きれいにやって終わる形も悪いと言えないでしょう。ボク自身、少し前まではそう考えていました。でも、続けるうちに考えが変わってきました。

「それだけでは、ノルマを果たしたからいいや」ということになってしまう。そうではなく、前回を超えるぞという気持ちがないと、ダメなんじゃないか」と思うようになったのです。

たとえば、前回10回で余裕だったのなら、11回にしてみる。「前回を超えるということを頭に入れて、がんばっていくことが大切かも」と思うようになってきたのです。

また、トレーニング内容をメモすることの大切さにも気づきました。

そのつど、何回できたかをきちんとメモするのです。それを見ながら、気持ちを奮い立たせます。

「前回10回できたから、その10回を超えるんだ」という気持ちでやるよう心がけるようになりました。

前回の自分を超えていく……。自分に挑戦することが大切なんです。

前回より上げられなかったときには、気持ちが落ち込みます。やる気が失せることもあります。でも、前回よりできなかったときこそ、「それでも挑戦するんだ」という気持ちをもってトレーニングすることが必要です。

ボクは、胸の筋肉が多くなった大きな理由のひとつは、そんな気持ちのもち方だったと思うし、筋肉も「がんばって、前回より上げられるようにならなくちゃ」と思ってくれたのだと思います。挑戦をあきらめると筋肉もなかなか増えてくれません。

【ダンベルプレス】

ダンベルプレスは、ベンチプレスより可動域が上がりますが、胸の筋肉をブチブチブチと切るくらいに、胸を収縮させて開く感じでやっています。

これもベンチプレスと同じで、メインセットを3セットやって、重量を下げてまた3セットほどやっています。たとえば30キロを10回3セットやったら、次は29〜28キロに下げてやるという感じです。

付け加えるなら、しっかり食べることが大切です。炭水化物もしっかり摂って、トレーニングしていく。そして、それと同時に体重を増やしていく。それで脂肪が増えたなと思ったら、トレーニングの内容を落とさないようがんばりながら、食事をちょっと減らして、脂肪だけ削っていくのです。

これを繰り返していけば、筋肉も成長していくと思います。ボクの場合はそうでした。

人生初のスリムフィットネスジーンズ

2022年も終わりが近づいた12月3日。ボクは9月にアマゾンで購入していたユニクロの服に挑戦しました。

購入していたのは、XL・L・Mの3サイズのブラックの長袖シャツ（特売で各780円）と、ウエスト89センチのグレイのスリムフィットネスジーンズ（3990円）ズボンです。

9月の段階でのボクは、体重100キロ、ウエスト108センチで、シャツもズボンも、とても着られる状態ではないと判断。箱を開けずにとっておいたのです。

でも、それから3か月後、かなりお腹もヘコんできていました。そこで、思い切って挑戦することにしたのです。

開封して、箱から出したシャツを試すと、XLは楽に着られました。Mもきついけど入りました。ズボンは売っている中でいちばん大きなサイズでしたが、見た目も小さいし、絶対無理だと思いましたが、腹をメチャひっこめたら、なんとか履けました。ただし、座っ

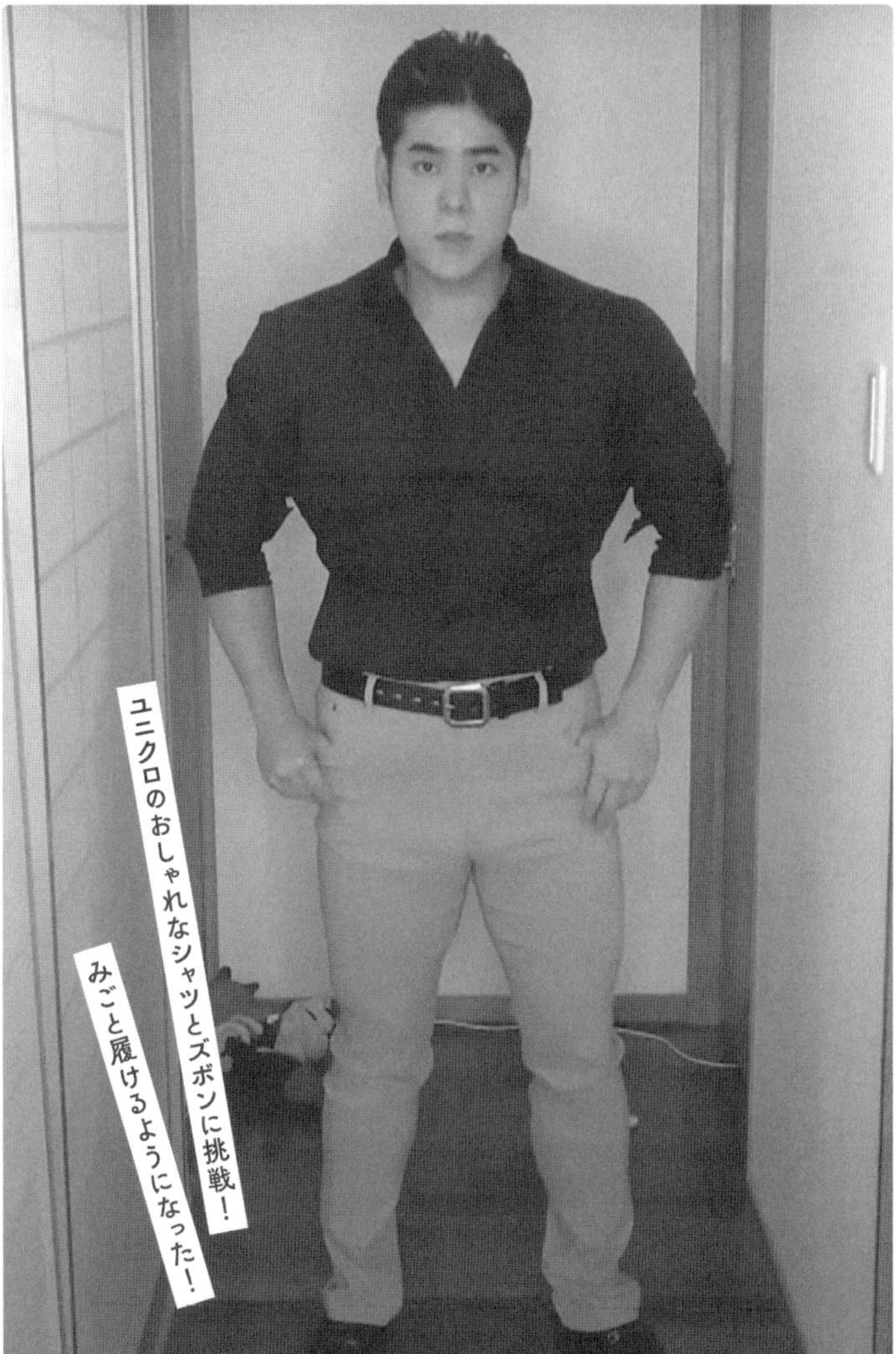

ユニクロのおしゃれなシャツとズボンに挑戦！

みごと履けるようになった！

たら弾けそうでした。

でも、それから3か月後の12月には、そのズボンが余裕で履けるようになりました。余裕どころか、ウエストに拳ひとつ入るほどでした。

まさに、〝人生初のスリムフィットネスジーンズ〟でした。ボクは心の中で叫びました。

「ボクもおしゃれしていいですか!!」と――。

[STAGE]

VI

目指すはボディビルダー

ボクがボディビルダーを目指すワケ

ボクがマッチョになってボディビルの大会を目指すようになったことは前述しましたが、実は最初からボディビルを目指そうと思ったわけではありませんでした。

ひと口にボディメイクといっても、大きくはフィジークとボディビルの2種類がありま す。ボクは恥ずかしいことに、そんなこともよく知らずに、「マッチョ＝ボディビル」と思い込んでいたのです。

フィジークは、ボードショーツ・サーフパンツというハーフパンツ型の水着を着用して肉体美を競う競技です。わかりやすく言えば、「ビーチでかっこいい！　と言われる、美しいトータルパッケージの肉体」を目指すことになります。

そのために、求められるのは、「きれいに割れた腹筋」「広い肩幅から細く締まったウエストのライン」（Vシェイプ）、それに「逆三角形の背中」とされています。また、フィジークでは、脚がパンツで隠れるため下半身はほとんど審査されません。

それに対してボディビルは、筋肉量やカット（筋肉のミゾ）による迫力が重要なポイントとなります。審査のポイントは、「広い肩幅」「細く締まったウエスト」「太い脚がつくるライン（Xフレーム）」「筋肉量とカットによる迫力」「筋肉の厚み、丸み」などとなり、競技はブーメランパンツ（ボディビルパンツ）を履いて行われ、下半身も審査されることになります。そのため、大会前は徹底的に減量して、体を絞り込む必要があります。

こうした違いを言葉で説明するのは難しいのですが、たとえば、ボディビルで高く評価されるような筋肉量や減量は、フィジークでは減点対象とされてしまいます。それほどフィジークとボディビルは異なっているし、トレーニングの方法も違っているのです。

ボクは最初のうちは、フィジークに出ようかなと思っていました。それなら、ボードショーツ・サーフパンツで皮余りも少しは隠せそうな気がしたからです。

でも、トレーニングを続けているうちに、気持ちが変わってきました。

皮余りを隠したいと思っている段階で、すでに自分に負けて逃げているような気がしてきたのです。

正直言って、皮余りしているボクにとってはフィジークのほうが少し気楽だし、自分の体型を考えても、高く評価してもらえそうな気もしました。だけど、**「それじゃ自分に勝っ**

たことにはならないんじゃないか。すべてをさらけ出すボディビルに挑戦してこそ意味があるんじゃないか」と思うようになったのです。

とはいうものの、正直に言うと、この頃はまだまだ揺れていました。トレーナーさんには、「ボディビルの大会に出ることを目指す」と言っていましたが、もしトレーナーさんから、「フィジークのほうがいいよ」とアドバイスされたら、決意がコロッと変わっていたかもしれません。

そういう意味では、芯のある人間になっていないような気もしましたし、「本格的にボディビルダーを目指していく中で、何か絶対に曲がらない信念みたいなものも身につけられればいいな」と思いました。

たまにいるじゃないですか。自分なりの信念をもっていて、それを絶対に曲げない人、頑固な人が……。

それに対し、ボクは何かあると、ついつい流されてしまいます。ボクには、そんな信念が欠けているから、そう思うのだと思いますし、何か貫き通すものが見つかれば、生き方自体も変わるんじゃないかと思うのです。

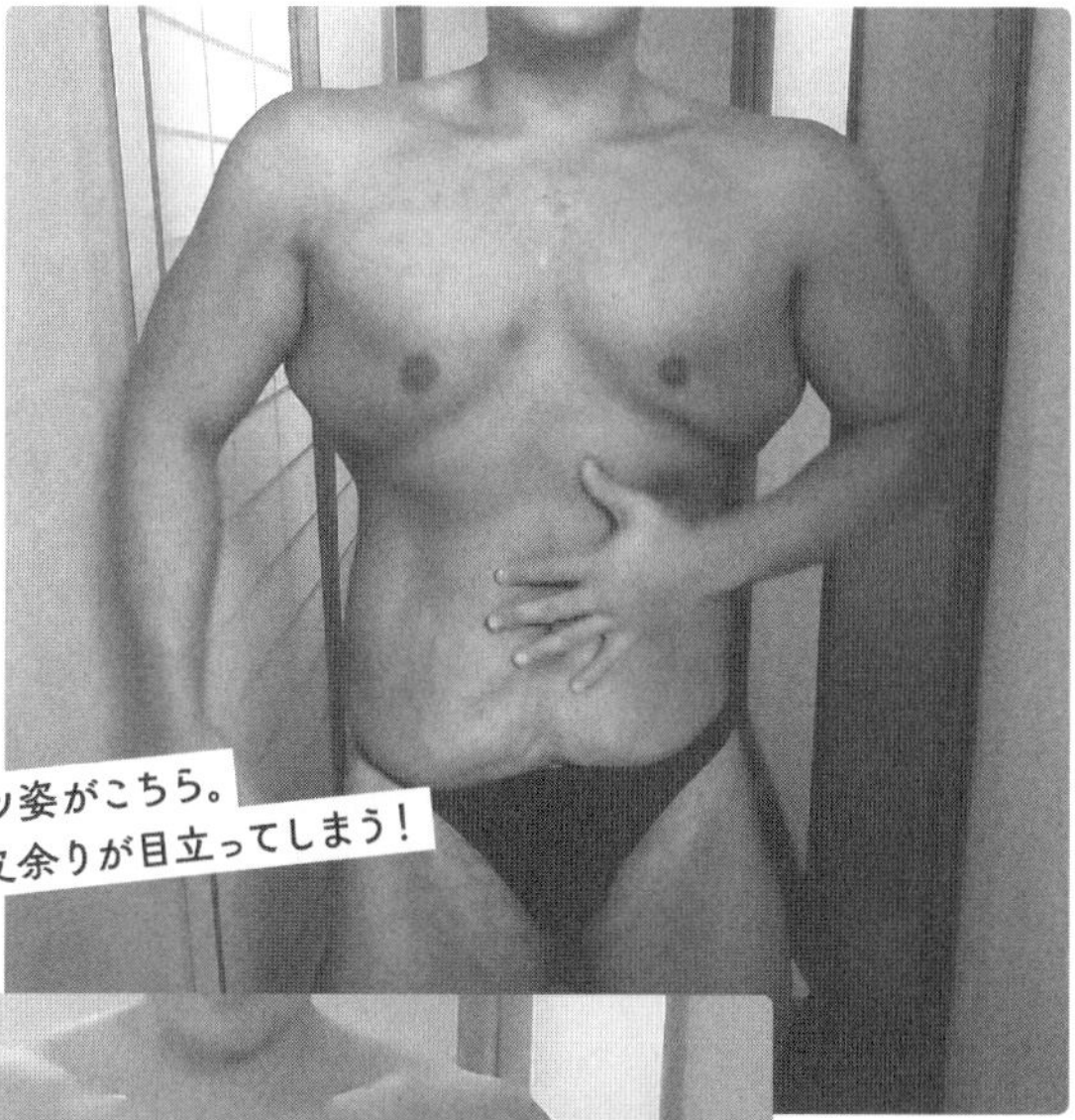

ブーメランパンツ姿がこちら。
どうしても皮余りが目立ってしまう！

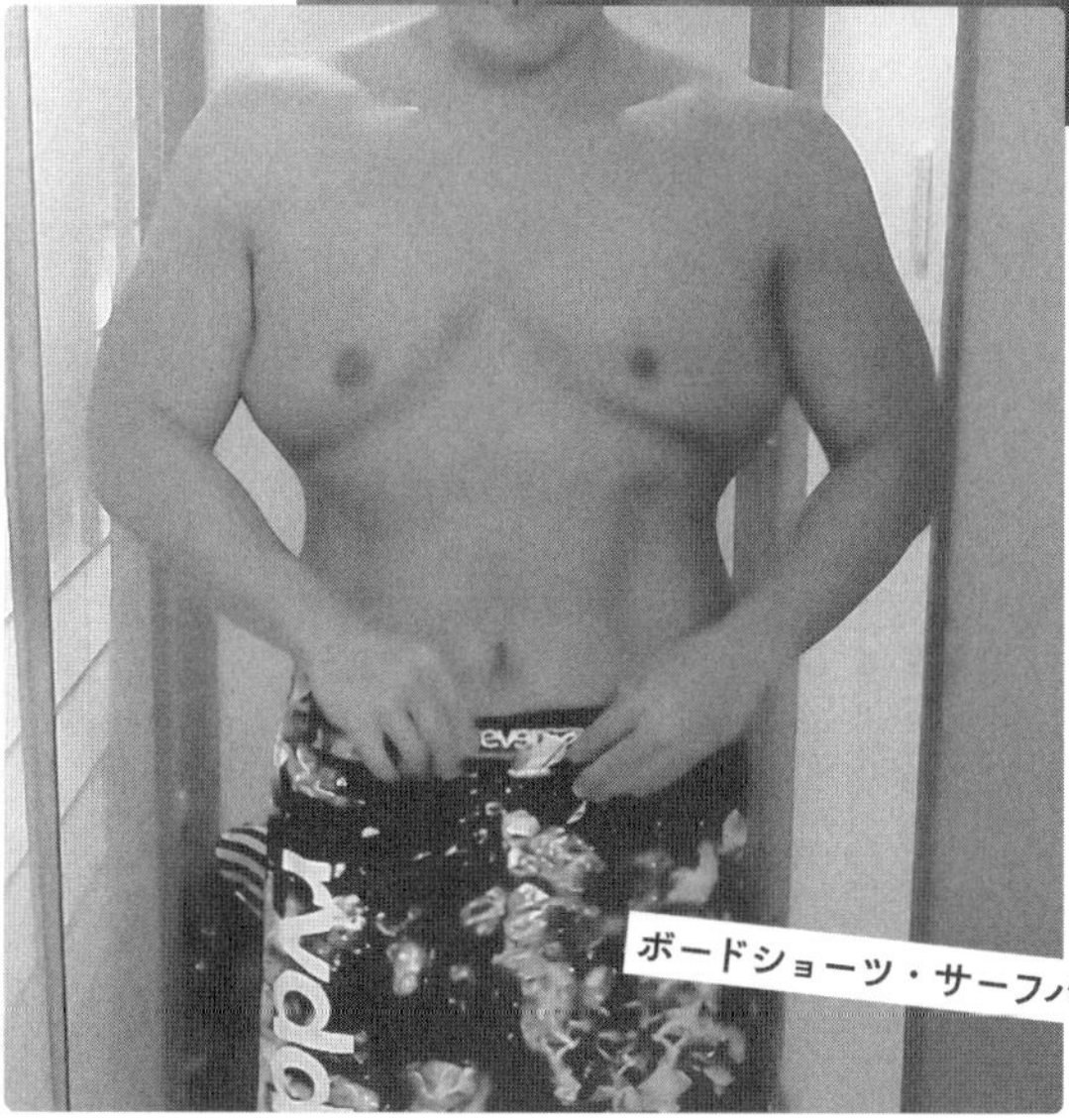

ボードショーツ・サーフパンツ姿がこちら

こう思ってはいけないと思い続けていたこと

ボクには、ある時期まで誰にも言えず。悩んでいたことがありました。それは、自分自身でも「こう思ってはいけない。絶対、誰にも言ってはいけない」と思っていたことでした、一度口にすると、すべてが終わってしまうような気がしていました。

実は、ボクの中には、ボディビルですばらしい体をつくり上げている人たちを見て、「ああ、自分はああ、なれないな」と思ってしまう弱い自分がいたのです。

みんなが思ってくれているルイボスは、「全力で、一瞬の迷いもなく、がんばるルイボス」かもしれません。でも、ボク自身、筋トレして痩せていく中で、すばらしい体をつくり上げている人たちを見るたびに、心のどこかで「あんな体にはなれないんじゃないか」と思ってしまう自分がいたのです。

それを象徴するのが皮余りでした。痩せてきて、体重が80キロを切ったぐらいから皮がどんどん余ってきました。前は、脂肪もあったからわかりにくかった。でも、80キロを切ったぐらいから、皮余りがどんどん目立ってきたのです。

いちばん余っているのが胸とお腹回り、あと、お尻がちょっと……。

140キロのときには皮膚が伸びきっていましたが、それが痩せていくにつれて、どんどん皮が余ってきました。もう皮膚の張りがまったく消滅している感じで、「このまま痩せていったらどうなるんだろう」と、怖さを感じるほどでした。それを口にしなかったのは、「言っちゃうと、すべてが破綻する!」と思ったからでした。

ボクのことを信じて、応援してくれている人たちに、そんな気持ちを告白するのもイヤでした。だから、「皮余りなんて気にしない。それは痩せてきた証拠であり、勲章だ」と言い続けていました。自分自身にも、「そう思わなければならない」と言い聞かせていたのだと思います。

自信がもてるようになると同時に生まれたネガティブな感情

こんなボクでも、昔より自信がもてるようになっていました。昔は、見た目なんて気にせず、「痩せればいい」という気持ちだけでしたが、今はまじめに、「体を鍛えていい体になりたい、ボディビルダーになりたい」という気持ちになっています。

でも、自分の体を見ると、厳しい現実を突きつけられます。「土台がグチャグチャだから、行きつく先はそうとうきつい。厳しいんじゃないか」と、ネガティブな気持ちがわいてくるのです。

ボクは、「そんな気持ちではいけない」とずっと思っていました。「そんなことを考えれば、応援してくれている人、自分自身を否定することになる。だからがんばるしかない」と思っていたのです。

だけど、そんな気持ちが1日1日だんだん大きくなっていきました。そう思うのは、ぼくが弱い証拠だと思います。

みんなが思うルイボスは、そんなことなんて一切思わないで、全力でがんばるルイボスかもしれません。

でも、痩せていくにつれて、皮が余り、張りもなくなっていく……。そんな現実に直面すると、「このままいったら、努力はすべて無駄になるのかな」「どんなにがんばっても、理想の体になるのは無理なんじゃないか」と思ってしまうのです。

そして、そう思うたびに、「イヤ、そう思ってはいけない。そう思うこと自体、みんなを裏切ることになる」と自分に言い聞かせていたのです。自分でもうまく説明できない複雑な思いでしたし、その気持ちを自分の中で押し殺し続けるのも苦しいことでした。そして、ある日、ボクはユーチューブで、そんなネガティブな思いのすべてを正直に告白したのです。

みんなに話せば楽になれる

正直言って、みんなに弱い自分をさらけ出すのは勇気のいることでした。でも、やってよかったと思います。

それまで、ルイボスチャンネルを見た人から、「皮余ってきているんですけど……」というコメントをもらっていました。きっと、ルイボスチャンネルを見て、よし自分もダイエットに挑戦しよう」と思い、がんばっている人だと思います。でも、ボクは返信できずにいました。「実はボクもつらい気持ちをいっぱいかかえているんですよ」と正直に言えずにいたんです。

皮肉なことに、本気でかっこよくなりたいと思ったことで、**かっこよくなれない自分を思い描いてネガティブな気持ちになり、それが恐怖心を生んでいた**のです。

でも、みんなに告白したことで気持ちが楽になりました。また、「やると決めたからにはやるしかない」と気持ちを切り替えることもできました。

この先、どうなるかわかりません。どれだけ皮が余るかわかりません。何が待ち受けているか予想もつきません。もしかしたら、かっこ悪くなるかもしれないし、みんなが思っているほどかっこよくなれないかもしれません。

でも、最後までやってみなきゃわからない！

ここで、**ネガティブな気持ちから生まれる恐怖心に負けたら、それで終わり**です。

ボクは、「怖いからやめるというのは、男としてかっこ悪いな。むしろ、痩せて、これだけ皮余ったぞと言えるほうがかっこいいよな。結果はどうあれ、最後までやることが大切だ」と、気持ちを切り替えることができたのです。

奇跡的に続いている筋トレ

それにしても、我ながら筋トレはよく続いていると思います。

振り返ってみると、ボクが自己流ながら筋トレを始めたのは、ダイエットして1年たってからのことです。

それから2年以上、飽きもせずに筋トレを続けてきました。生涯でこれほど続いているのは、筋トレだけと言ってもいいでしょう。

子どもの頃、バドミントンを1週間でやめたことは前述しましたが、レスリングも続きませんでしたし、軽音楽部に入っても続きませんでした。唯一、飽きずに続いているのは、筋トレと食べることぐらいです(笑)。

でも、**たったひとつでもいいから続けられるものがあることが、ボクにとってはうれしいことだし、大切なことなんです。**

逆に、「いつか自分が筋トレをやめてしまうんじゃないか」と、不安になることもあります。それは、何がきっかけになるかわかりませんが、中途半端でやめてしまいかねない自分がいることを自覚しているからです。

それでも今は、とにかく、これ以上鍛えても、もう筋肉がつかないというぐらいまで筋トレを続けたいと思っています。

理想は、筋肉増強剤なんて使わないで、筋トレだけで俳優のシュワルツェネッガーのような肉体をつくり上げること。さすがにそこまでは無理でも、自分の限界までがんばって、自分が納得できる体をつくり上げたときに、ボクの夢は完結します。

そうしたら、もうユーチューブもやめられる。そして誰も見ないところでボーッと過ごせると思うのです。

逆にそこまでいかないと終われないということです。途中で挫折してしまったら、ボクの人生はダメな歴史の繰り返しで終わってしまいます。

でも、今のところまだまだです。トレーニングの熟練度は低いし、まだまだ下手くそです。それでも、へこたれないで、「いや、まだまだ改善の余地がある」と思っています。そう思える自分がいるということは、もっと上を目指せる余地があるということだと、自分を励ましています。

あるときトレーナーさんに、「自分が、もうこれ以上伸びないと思えるぐらいまでいったとしたら、そのとき自分自身はどう思うんでしょうか？」と聞いたことがあります。

そうしたら「それは相当難しい。そこまで行けたらすばらしい」という返事でした。ボクなんてまだまだ……。ボディビルダーとして、ほんの序の口に立ったばかりだということでしょう。

ボディビルの世界で高みを目指すというのは、ある意味、いかに自分自身と向き合うかということなのかもしれません。

妥協しようと思えばいくらでも妥協できるでしょうし、逆にがんばろうと思えば、いくらでも目指す先が見えてくる……。そもそも、もうこれ以上伸びないと思える限界まで到達するのがいかに難しいかということなのだと思います。

すべての時間をボディビルに

ボクは、2023年9月に行われるボディビルの大会に出ることを決意すると同時に、自分の時間のすべてをトレーニングにあてることにしました。

それまでボクは、居酒屋のアルバイトなどをしていました。言うまでもなく、生活していくためのお金を稼ぐためでしたが、幸いなことに、ユーチューブで多少の収入が入ってくるようになっていました。

ときどき、「定職に就いてなくて将来が心配じゃないか」と聞かれることもありますが、ボクはまったく心配したことがありませんでした。

確かに、友だちや周囲の人と話をしていても、自然と将来の話や老後の話になることがありますが、まずは病気のこともあったし、人前に出るのも苦痛になっていたボクには、そんなことを考える余裕すらなかったと言っていいかもしれません。

とにかく、〝ふつうの人として生きられるようになること〟が目の前にぶら下がった唯一の目標だったのです。そして、ダイエットを始め、筋トレに取り組むようになり、今はその集大成として、ボディビル大会への出場が最大の目標になっています。

でも考えてみると、すごいことです。**目の前のことに取り組んでいるうちに、ボクの人生は、ほんとうに少しずつですが、変化し広がっています。ボクは、それだけでも幸せを感じているのです。**

ジムでのトレーニング。
確実に足が太くなってきた!!

２０２３年２月、体重は86・6キロ、体脂肪率25・8パーセント、腕回り39・5センチ、胸囲１１８センチ、ウエストは96センチになっていました。

足が太くなっていることを実感しました。背中も脂肪はまだまだありますが、その中に筋肉があるのがわかるようになってきました。まさに「うれしいやっさぁ」（沖縄の方言で「とてもうれしい」という意味）です。

３月には、体重84・6キロ、体脂肪率26・8パーセント、腕回りが39・5センチ、胸囲１１７センチ、ウエストが94センチでした。

２月と比較すると、体重は２キロ減でしたが、体脂肪率が１パーセントほど上がりました。腕回りは変わりませんでした。胸囲が１センチ減りました。体脂肪が減って胸囲が増えてほしいところです。でもウエストは96センチから94センチに減っていました。

だいたい体重１キロあたり、ウエストが１センチぐらい減っていきます。

腕回りや胸には、確実に筋肉がついてきていました。

ボディビルダーとのコラボ

4月には、ボディビルダーのジョンさんとコラボしました。ジョンさんは、学生時代、ラグビーやアメフトをして痩せていたそうですが、社会人になって働き始めたとき、上司がめちゃくちゃパワハラで、「キャラがないから太れ」と言ってたくさん食べさせられたのがきっかけでどんどん太っていき、結果的に体重40キロ増の120キロ超になってしまったそうです。

その後、転職して自力でダイエットしたものの、なかなか痩せず、1年で5キロ減ったかどうか、だったとか。そんなとき、友人が「ダイエットしないの?」と聞いてくれて、パーソナルトレーナーとしてサポートしてくれ、糖質ダイエットで55キロの減量に成功したそうです。

そんなジョンさんに、自分が直面している問題についても、いろいろ聞いてみました。そのときの話を整理して再録しておきましょう。

ルイボス：ボクは、太っていた頃からの、がに股歩きがなかなか直らない。痩せても、歩き方が、がに股なんですよね。

ジョンさん：確かに太っていたときには、たぶん少し足を引きずるとか、おかしい歩き方をしていたと思うけど、自分が歩いてて、そこまでがに股になっちゃうとかはないかもしれない。

ルイボス：ボクもジョン兄に会ったときに、歩き方もきれいで背筋も伸びていて、太っていたなんて一切感じられないんですよ。だけどボクはその名残りがかなりある。今でも歩くとき、がに股になっているし、姿勢もあまりよくない……。

ジョンさん：もしかしたら、膝とかの変形で、ちょっと開いてしまうこともあるのかも……。基本的に人の体って、筋肉で保っているので、内に締める筋肉とか矯正するように意識するのもいいかもしれない。ボク自身、経験がないので、なんとも言えないですけど、太っている期間の長さとか、ふだんの姿勢や仕事の内容によっても変わってくるのかなぁと思います。

ルイボス：早食いに関してはどうですか？

ジョンさん：昔に比べたら早食いは減ったかもしれないけど、それでも早いほうだと思う。

好きなものは好きだし、食欲も抑えられないし、いっぱい食べちゃうんで、意識して押さえるしかないのかなぁ。最近、腸の専門家に聞いたら、しっかり噛んで食べたら、太りにくいらしいよ。

ルイボス：ああ、そうなんですね。

ジョンさん：消化しきれないものが腸に残るのが太る原因らしいんで、しっかり噛んだら消化を助けてくれて、太りにくくなると聞きました。

ルイボス：噛んで長い時間をかけて食べるからじゃなくて、こま切れにするからこそってことなんですね。

ジョンさん：そう、しっかり消化することによって、食べたものがお腹に滞留する時間を短くすることで、脂肪などが蓄積されにくくなるそうです。

ルイボス：確かに太っているときには、早食いして、完全にお腹に溜まっている感がありましたね。

ジョンさん：そうそう、ふだんの習慣でも変わる部分があるかもしれないので、意識的によく噛むことが大切ですね。

ルイボス：意識するようにしてみます。ところで皮余りにオススメの対処法を教えていただきたいんですが……。

ジョンさん：ルイボス君の皮余り動画も過去見たことがありますが、もともと120～130センチあったウエストは、1キロ痩せるたびに1センチぐらい小さくなるから、40キロ痩せた人は、ウエストが40センチ縮んでいることになる。そう考えると、どう考えても皮は余ります。ボクも余っている。

でも、ある程度はパンツに隠せるので気にしない。とりあえず、気にしないで痩せることです。そのあと、なんでカバーするかというと、男性は筋肉が大きくなりやすいので、大胸筋をでかくして、大胸筋で持ち上げる。そういう意味では筋トレが皮余り対策としてはいいかなと思う。痩せるのが第一で、それからあとは筋トレかなと思います。

ルイボス：ボクもジョンさんの動画を見て、参考にしていました。ありがとうございます。

みなさんも、ジョンさんのユーチューブを見て勉強してはどうですか。**ボクはいろんな人とつながって、いろいろ話を聞くことは、とても大切だと思いますし、励みにもなると思います。**そうしていろいろ学ぶなかで、「自分に合った痩せ方を見つけることが大切だ」と心から思っています。

人生は少しずつ広がっていく！

最近、大きなできことが起きました。ボクにはとても考えられなかったことですが、ボクに好意をもってくれる女性が現れたのです。

3年前、140キロだった頃のボクは、とにかく人の視線を避けていました。太り過ぎた自分に自己嫌悪していました。プラスの気持ちなんて一切なく、「俺は人生が終わった人間だ」と思っていました。ある意味、死んだような状態だったと言っていいでしょう。

そんなボクが、〝モンスター〟から〝ふつうの人間〟になるためにダイエットを始めたことは、これまでに書いてきたとおりです。

1年ほどしてある程度痩せてきた頃から、徐々にですが、交友関係も広がってきました。ボク自身も少しずつ明るくなっていったと思います。でも、誰かに恋愛感情をいだくことはありませんでした。友だちから「彼女つくらないの？」と聞かれても、かたくなに「恋愛なんてする気はない」と言っていました。

ボディビルダーになるという新たな目標をもち、がんばっていましたが、まだまだ一人前の男になれたという自信はありませんでした。

「定職に就いているわけでもなければ、ユーチューバーとして成功しているわけでもない。自分はまだまだ中途半端で成功していないから、恋愛なんてするべきじゃない」と思っていたのです。

正直に言うと、何人かの女性と一対一で会ったことはありましたが、そのときも、「ボクはボディビルを真剣にやっているからお付き合いをすることはできません」と壁をつくっていました。ボディビルダーになることだけがすべてで、相手のことを思いやる余裕なんて、ほとんどなかったのです。

でもそんなボクが、ある女性と出会って変わりました。「ボディビルダーになることで人生は完結する」と思っていたボクに、「この人を、ボクの手で幸せにしたいな」という思いが芽生えたのです。

最初、自分のそんな感情にひどく戸惑いましたし、わけがわからなくなりました。

それまで、ボクの生きる世界は、母と弟、それに祖父母が中心でした。そんなボクが、ひとりの女性に惹かれ、好きになったのです。自分自身、「男としてまだまだだな」と思うこともあります。でも、「彼女を幸せにしたい」と思う気持ちがどんどん強まっていったのです。

ボクは、このことをルイボスチャンネルで正直に報告しました。きっとびっくりした人もいると思います。

なぜボクが彼女を好きになったのか……。第一の理由は、ボクのことをよく理解してくれているからです。たとえば、トレーニングをしているボクの食事面もよく理解してくれます。また、ユーチューブをつくるときにも協力してもらっています。

昔の自分は、自分の体の変化とか、自分のストーリーをただユーチューブに上げているだけでした。ただただ痩せていくプロセスをアップしていただけですし、「ボクの体が完成したら、そこでボクのストーリーは終わり

彼女をルイボスチャンネルで初紹介。彼女の趣味は旅行と写真を撮ること。ルイボスチャンネルの制作でも協力してもらっている

だ」と思っていたのです。

でも今は、そうではなく「ユーチューブでも成功したい」と思っています。

ボクはBitStarというプロダクションに所属していますが、まだまだやりきれていないところが少なくないし、動画もコンスタントに上げられていない状態です。とても全力でやりきったと言えるレベルではありません。

そんな中途半端な状態なのに、「体が完成したら終わりというのは、挑戦する前に敗北宣言するようなものじゃないか」と思うようになったのです。

それに、ルイボスチャンネルを応援してくれている人や、いっしょにがんばろうと思っている人たちがいます。**ボクは、そんな多くの人たちに支えられてここまでやってきました。それにもかかわらず、ボクがユーチューブに全力を尽くさないのは裏切り行為じゃないか。ユーチューブにも最大限、力をつくすべきじゃないか……。**そう思うようになったのです。

結構、ひとりで思い詰めることもありましたが、そんなことも彼女と相談したり、BitStarのマネージャーさんとも相談したりして、より一層力を入れていきたいと思っています。

もちろん、これから先、彼女とのことがどうなるかわかりません。でも、仮に彼女と結婚して家庭をもったら、これまで見えなかったものがどんどん見えてくるような気がしています。

ついにボディビル大会にエントリー

とうとう、出場することを目指していたボディビル大会の日が近づいてきました。食事も脂質を抑えるメニューに変え、２０２３年6月、体重78キロまで絞り込むことに成功しました。

我ながらいい感じでした。ピチピチだったユニクロのシャツもブカブカになりました。

そしてボクは、ついにボディビル大会にエントリーしました。9月10日、福岡で行われる「マッスルゲート」という大会です。

エントリーしたのは、新人の部と、70キロ以下級の2つです。ということは、3か月で7キロ以上絞らなければなりません。

まだ、胸の脇や腹部の皮が余っていましたが、それもかなり減ってきていました。さらに体を絞れば、皮余りも目立たなくなり、上位に食い込むチャンスもあるのではないかと思いました。

このとき、ボクは**「自分の中に悔いを残さないよう、全力を尽くしたい」と考えていました。「そうすれば、目指すべき次のステージも見えてくるはずだ」と——。**

ボクは心の底から「痩せることで世界が変わった」と実感していました。人から見れば、太っていたのは自分のせいだし、人生が変わったと言ったって、まだまだ中途半端なボディビルダーにすぎないじゃないかということになるかもしれません。

でもボクは、昔の自分に胸を張って言いたかったのです。

いざ、ボディビル大会に！
徹底的に筋肉を絞り込む

「おい、見てみろ。俺はここまでこれたんだぜ。がんばれば、人生はぜったい変えられる！これからも全力で生きるからな」と――。

8月20日には体重が73キロまで落ちていました。あと3キロ絞れば、70キロ級以下級への出場も可能でした。でもボクは、そこで負けてしまったのです。

本格的にボディビルを始めて以来、牛丼なんて食べていなかったのですが、「1杯だけならだいじょうぶだろう」と、ひと口だけ食べたのが失敗でした。

止められなかった過食

1杯だけのつもりだったのに、いったん食べ始めたら、もう止めることはできませんでした。気がついたときには、炊飯器に入っていたご飯を全部食べてしまっていました。

炊飯器には全部で5合ほどもご飯が入っていたと思います。それを一気に食べてしまったのです。それればかりではありません。ご飯といっしょに大量の水も飲んでしまいました。

その結果は恐ろしいものでした。体重が一気に5～6キロも増えてしまったのです。

どうして、そんなバカにことをしてしまったのか……。

それは自分の中に甘えがあったからだとしか言いようがありません。「1杯だけならいいだろう」と軽く考えていましたし、多少体重が増えても、これまでのダイエットの経験から、すぐに元に戻せると思っていたのです。でも、ひと口食べた後、我を忘れて貪り食べる自分を止めることができませんでした。

また、言い訳になるかもしれませんが、自分を追い込み過ぎていたのも原因のひとつだったかもしれません。

実は、トレーナーさんからは、「無理に食事のカロリーを落とすのではなく、じっくりと体重を落としていくように」とアドバイスされていました。でもボクは「それだけじゃダメだ。まだまだがんばらなきゃ」と、勝手に食事量を減らしていました。それが大きな間違いだったのです。

75キロぐらいになるまでは、これまでやってきたダイエットと同じ感覚で体重を落とすことができていましたが、そこから先、ボディビルダーとしてさらに体を絞って減量するプロセスがいかにたいへんで、ダイエットで体重を落とすプロセスとはまったく別のものだということを知らなかったのです。

73キロまで減量したボクの体は、それこそ〝飢えた状態〟になっていたのでしょう。そんなギリギリの状態だったからこそ、たった1回の過食で体重が一気に5〜6キロも増えてしまったのです。

そしてこの体重増で、ボクは精神的にさらに追い込まれ、ものすごいストレスを感じるようになってしまいました。

SNSで、がんばっているマッチョに人たちのムキムキの体を見ては、「このままじゃダメだ！」と思いました。また、応援してくれる人たちからの応援メッセージを見るたびに、「体重を元に戻して、さらに絞らなくては」と思いました。

そんな焦りの中で、ボクは、これまで以上にハードなトレーニングをやりましたし、食べる量も大幅に減らしました。それにもかかわらず、いったん増えてしまった体重は元に戻りませんでした。大会までのわずかな期間で、80キロ近くなった体重を70キロ以下に落とすのはもう不可能な状態でした。

あのときのボクはギリギリの状態だったかもしれません。絶え間ない自己嫌悪で気持ちもひどく落ち込んでしまいました。そして情けないことに、過食を繰り返し、体重は85キロまで増えてしまいました。

すべては自分の弱さのせいでしたが、体重制限のない新人の部への出場もやめてしまいたくなりました。73キロまで体重が減ったときの状態だったら、70キロ級以下への出場はできないまでも、少しは自信をもって新人の部に出場できたでしょう。でも、80キロを超えたボクの体は、とても人前に出せるものではなかったからです。

もう、昔の自分には戻らない！

大会が近づくにつれ、ボクはどんどん追い込まれ、精神的にもいっぱいいっぱいになっていきました。一番の理解者であり、いろいろ気を配って、応援し励ましてくれる彼女に対しても、ついつい声を荒げてイライラをぶつけたり、「もう大会には行かない！」と弱音を吐いたりすることもありました。

何より、体重85キロでブヨブヨになった自分が大会のステージに立っている姿を想像するだけでものすごい恐怖が襲ってきて、夜も眠れなくなってしまいました。

そんなボクに、トレーナーさんは、**「自分のために時間を使ってくれる人がいることを忘れてはいけない」**とアドバイスをしてくれました。

そのひと言は、「もう、このまま逃げ出して、みんなの前から姿を消し、隠れて生きていくしかない」とまで思い始めていたボクの心に深く沁み入りました。

ほんとうにたくさんの人が、こんなにも情けないボクのことを応援してくれていました。中には、「福岡の大会会場まで応援に行く」と言ってくれている人までいました。そして、大会に出るべきかどうか、さんざん悩んでいたボクは、トレーナーさんのアドバイスを噛みしめながらこう思ったのです。

「昔の自分だったら、絶対に福岡に大会会場まで行くことはなかっただろう。絶対に逃げ出していた。**でも、ここで出場しなかったら、人目を気にして外にも出られなかった昔の自分と変わらない。全然成長していなかったということだ。何より、ここで大会への出場をやめてしまったら、応援してくれているみんなに申し訳ない」**と——。

結局、ボクはさんざん迷ったあげく、ボクは新人の部に出場することを決意しました。そしてボクは、思い切って、ルイボスチャンネルで、体重オーバーで70キロ以下級への出場を断念することを告げ、応援してくれていた人たちに心から謝ると同時に、**「もう、昔の自分にも戻らない！」**という思いを込めて新人の部に出場することを約束したのです。

EPILOGUE

新しい自分を見つけよう！

ついに立ったマッスルゲート大会のステージ

2023年9月10日、ボクはついに、福岡で行われたマッスルゲート大会に、本名の渡嘉敷嗣之の名前で出場しました。

ゼッケン番号は233。ステージに立つのは怖かったし、緊張でガチガチでした。まるで中世ヨーロッパの〝魔女狩り裁判〟の場に立つような気持ちでした。

ステージに立ったときにはブルブルと震えていました。でもおよそ20分間の競技時間の間、たくさんの人が大きな声援を送ってくれました。

そのときボクは泣いていました。恐怖と、みんなが応援してくれているのに中途半端な体でステージに立っている自分が申し訳なかったからです。正面を向いているときは必死でこらえていましたが、後ろを向いたときにはエッエッと声をあげて泣いていました。きっと隣にいた選手は気がついたと思います。

でもそれと同時に「出場してよかった！」と心から感じていました。いっしょに新人の部に出場した他の出場者たちの姿を間近で見て、みんながほんとうに真剣で、ポージングするときもフラフラになるほど力を出し切っていることがわかりました。それこそ真剣にボディビルに取り組み、闘っていることを実感しました。ボクにとって、それもとてもうれしいことでした。そのうれしさは、かつてキックボクシングの試合で、試合相手と真剣に殴り合ったときの充実した気持ちに通じるものでした。

結果は、14人出場中の13位……。決して誇れる成績ではありませんでした。それは自分自身の甘えの結果であり、反省することもたくさんありました。

でも、その結果にボクは納得しています。

人前に出ることが苦手で、街に出かけることも、

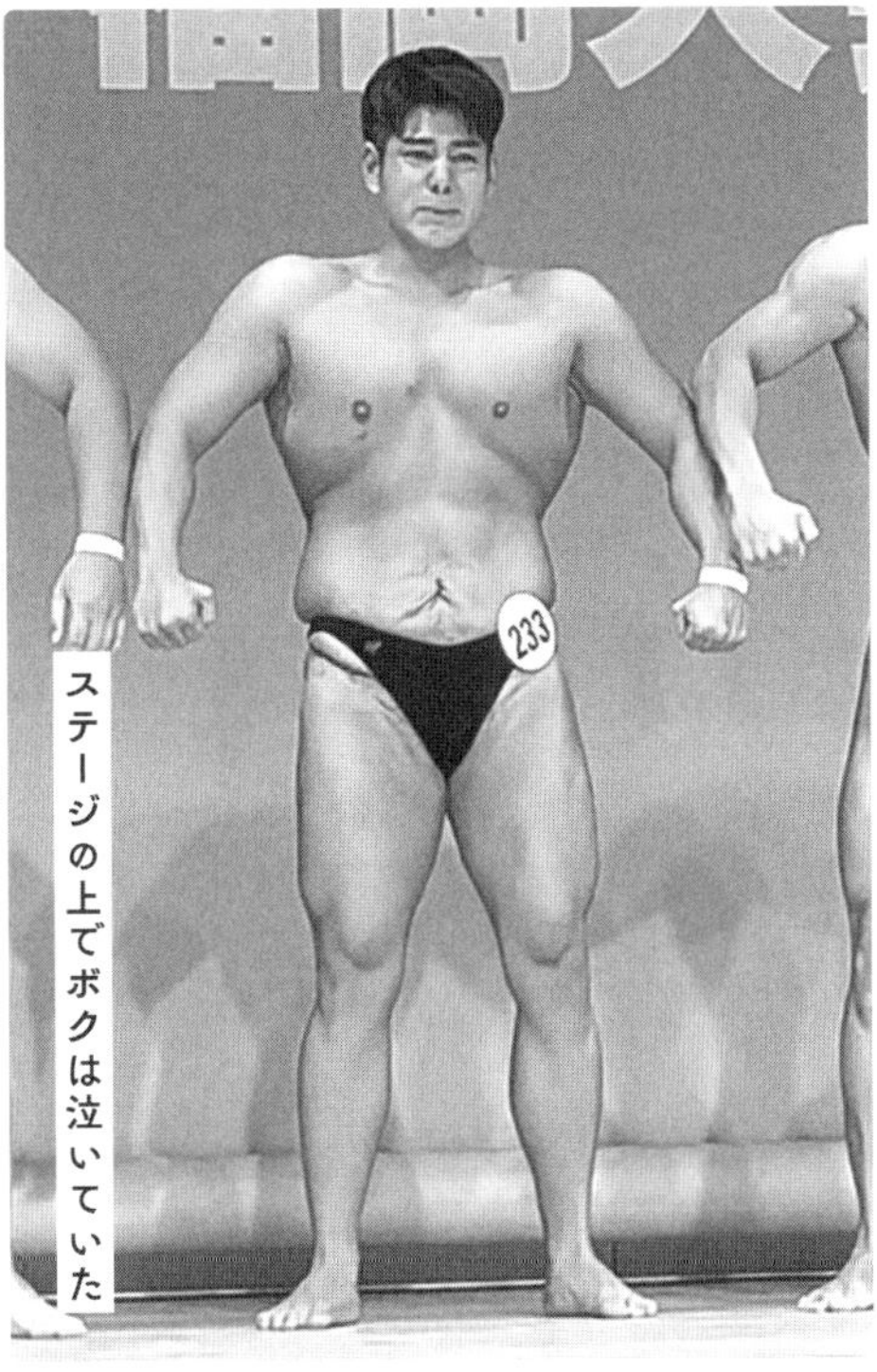
ステージの上でボクは泣いていた

海に行って服も脱ぐこともできなかった自分が、大会に出場して、ポージングできただけでもすごいことだと思えたからです。ボクはそんな自分自身を誇りに思っていますし、「次こそは絶対に優勝できるよう、がんばって前進したい」とも思いました。

大会前、一時は73キロまで体重を落とすことに成功していたのです。それを思い出して、新たな自信も生まれてきました。今回の失敗を糧に、じっくりと取り組めば、もっといい成績を残せると思います。

大会が終わった直後、彼女がサプライズで買ってきてくれたモンブランを思いっきり頬張りました。あんなにおいしいモンブランは生まれて初めてでした。

弟からは「ライブ見たよ」というメールがありました。「ありがとう、次は優勝するよ」と返事すると、「ノブならやれるよ！」というメッセージが戻ってきました。

その後、福岡から沖縄に帰ったボクに、母は大会の様子を見たとも見てないとも言いませんでした。でも、なんだかいつもより優しかったような気がします。きっと13位だったのを見て、「悔しい思いをしているのでは？」と思ったのだと思います。

小さな満足も、積み重なれば大きな力を与えてくれる

ボクがボディビルダーを目指し、挑戦するのを見て、「そんなの自己満足にすぎないじゃないか」と言う人もいるでしょう。そうかもしれません……。でもボクは、自己満足だって大切だと思うんです。どんなに小さな満足でも、それが積み重なれば大きな力を与えてくれます。

そもそも生きている以上、自分の人生すべてに満足している人なんていないでしょう。誰もが心の中に、挫折感や劣等感を潜ませているのでは？

中には、140キロ超だった頃のボクのように、「人生終わった」と、ネガティブな気持ちにがんじがらめになっている人もいるのでは？

ボクには、それがどんなにつらいことかよくわかります。

いつまでもそこで立ち止まっていてはいけないと思います。そのつらさから抜け出すには、どんなことでもいいから、自分にできる目標を見つけることです。

最初から途方もない目標をかかげる必要なんてありません。**どんなことでも、自分にでき**

ることでいいと思います。そうしてがんばって、その目標をクリアすれば、また次の目標を見つけることができるでしょう。

超デブだったボクは、「人生終わりだ」と思っていました。死の恐怖を前にダイエットを始めました。そのときには、まさかボディビル大会に出場することになるなんて考えてもいませんでしたし、素敵な彼女ができるなんて、想像すらしていませんでした。

でも、そんなボクが、今は将来を考え、夢をもって生きています。1年後には、再びマッスルゲート大会の舞台に立ち、優勝を目指したいと思っています。そのためのトレーニングも再開しました。また、多くの人が、こんなボクを応援してくれています。

ボクは、この体験をとおして、「どんなときでも、何か目標となるものを見つけてがんばっていれば、人は成長できるし、人生を変えることができる」と思えるようになりました。

難しいことはわかりません。人生、ほんとうにいろんなことが起きると思います。つらいことだって起きるでしょう。でも、目の前のつらさに負けないでほしいのです。負けないでがんばっていれば、絶対に新しい自分が見つかり、人生の次のステージが開けてくるし、少しずつでも成長していけると思います。ボクがそうだったように……。

ルイボス

約1年間本気でダイエットをし、137キロ→68.5キロのダイエットに成功。ダイエットをしている人、これから始めようとしている人に向けた動画で自分の経験を元に話をする様子は説得力の塊。自分だけのオリジナルダイエット法やモチベーションの維持の仕方などを紹介している。同性からの支持も厚いが、女性からの支持も厚く、視聴者に愛されているユーチューバー。

痩《や》せたら世界《せかい》が優《やさ》しく見《み》えた。
137キロの体重《たいじゅう》を1年《ねん》で半分《はんぶん》にして人生《じんせい》を変《か》えた男《おとこ》の話《はなし》

2024年3月4日初版発行

著／ルイボス

発行者／山下 直久

発行／株式会社KADOKAWA
〒102-8177 東京都千代田区富士見2-13-3
電話 0570-002-301（ナビダイヤル）

印刷所／大日本印刷株式会社
製本所／大日本印刷株式会社

●お問い合わせ
https://www.kadokawa.co.jp/（「お問い合わせ」へお進みください）
※内容によっては、お答えできない場合があります。
※サポートは日本国内のみとさせていただきます。
※Japanese text only

定価はカバーに表示してあります。

ISBN 978-4-04-606805-7 C0077